李建军　岑道一———著

# 恐龙都去哪里了

## 恐龙消失之谜

U0160969

上海科学技术文献出版社

Shanghai Scientific and Technological Literature Press

图书在版编目（CIP）数据

恐龙都去哪里了：恐龙消失之谜/李建军，岑道一著．—上海：
上海科学技术文献出版社，2021
ISBN 978-7-5439-8302-1

Ⅰ．①恐…　Ⅱ．①李…②岑…　Ⅲ．①恐龙—普及读物　Ⅳ．
① Q915.864-49

中国版本图书馆 CIP 数据核字（2021）第 052260 号

选题策划：张　树
责任编辑：王　珺
封面设计：留白文化

恐龙都去哪里了：恐龙消失之谜
KONGLONG DOU QU NALI LE: KONGLONG XIAOSHI ZHI MI
李建军　岑道一　著
出版发行：上海科学技术文献出版社
地　　址：上海市长乐路 746 号
邮政编码：200040
经　　销：全国新华书店
印　　刷：上海新开宝商务印刷有限公司
开　　本：787mm×1092mm　1/16
印　　张：11
版　　次：2021 年 5 月第 1 版　2021 年 5 月第 1 次印刷
书　　号：ISBN 978-7-5439-8302-1
定　　价：78.00 元
http://www.sstlp.com

# 前　言

恐龙是人们十分熟悉而又陌生的动物。

说熟悉是因为恐龙的名字家喻户晓，人人皆知。很多人都能说上几个恐龙的名字，特别是孩子们，说起恐龙的名字来更是如数家珍。我退休以后，经常到学校中去讲恐龙的知识。当让学生们说出几个恐龙的名字来时，大家都争先恐后！霸王龙、暴龙、剑龙、三角龙、异特龙、翼龙、鱼龙、迅猛龙、雷龙、梁龙、蛇颈龙等很多龙的名字层出不穷。但是，且慢！这上面提到的好几个龙，其实并不是恐龙！

说它陌生是因为谁也没有见过活着的恐龙。尽管在电视上、书本上有各种各样的恐龙形象，但那毕竟是科学家和艺术家根据恐龙化石的骨骼结构，再加上想像而"创作"出来的形象。

恐龙和早期的哺乳动物同时出现在2亿多年以前。很快，恐龙就先声夺人，迅速发展，占据了大量的陆地环境资源，而哺乳动物在整个中生代一直都在恐龙生活的缝隙中寻觅生机。恐龙是一群十分奇特的动物，曾经在地球上称王称霸。它们有的十分庞大，有的样子特别古怪，但是有的恐龙也并不很大，最小的恐龙只有鸡那么大。

在科学分类上，恐龙属于爬行动物。但是，恐龙根本不"爬行"。它们能够直立行走。那么，为什么非得把恐龙叫作爬行动物呢？因为恐龙下蛋，生物学上叫作"卵生"，同时，大多数恐龙都属于冷血动物，它们的牙齿还是同型齿，这些都是爬行动物的特征！所以，恐龙虽然不爬行，但是在生物学分类上还归属于爬行动物的范畴。恐龙刚刚被发现的时候，由于它们的身体特征和蜥蜴差不多，所以，恐龙被叫作"恐怖的巨大蜥蜴"。可是中国科学家却把这个词翻译成"恐龙"！于是，"恐龙"一词在中国迅速传播开来并被广泛关注。想像一下，如果中国科学家当时没有打破条条框框，按照原意翻译成"恐怖大蜥蜴"，或者"恐蜥"，想来今天它们可能不至于如此火爆！

　　恐龙在地球上生活了一亿六千多万年的时间！如果把整个地球的历史比作一天的话，恐龙相当于在这一天中生活了47分钟，而我们人类到现在只生存了几秒钟！可见恐龙是一类十分成功的动物。可是如此成功的动物却在6600万年前突然全部灭绝！给我们留下了千古之谜！

# 目　录

# 恐龙绝灭以后的世界　145

# 结束语　168

什么是恐龙

很多小朋友能说出很多恐龙的名字。但是给恐龙下一个严格的定义，并不是那么容易的事情。特别是随着科学技术的发展、研究手段的深入，以前的很多概念都有了很大的变化，有些甚至是颠覆性的改变。

在科学研究中，如果科学家发现了新的古爬行动物化石，习惯于把它们命名为"××龙"。所以有许多叫作"龙"的动物，但是它们不一定就是恐龙！在了解什么是恐龙之前，我们首先来看看，"恐龙"这个名词是怎么来的？

# 恐龙发现的历史

最早的恐龙化石的发现应该在距今很早的古代。人们在生产劳作的时候肯定见到过地层中出露的恐龙化石。但是，当时科学并不发达，人们也不大认识。比如，山东诸城有个地方叫作龙骨涧。龙骨涧的名字不知道什么时候就有了，那里出土了很多著名的恐龙化石，现在那里已经是世界著名的恐龙化石产地。长期以来，肯定有大量的恐龙化石被人们发现并采集。虽然，当时的人们

诸城龙骨涧发现的恐龙化石

还不知道什么是恐龙。但是在中国关于"龙"的传说由来已久，人们认为这些骨头化石就是传说中"龙"的身上的骨头，所以把发现骨化石的地方叫作"龙骨涧"。现在，龙骨涧的第一件化石什么时候被发现已经无从知晓。

最早描述的恐龙化石——引自Plot，1677

最早的、有科学记载的恐龙化石的发现时间是1677年！但是，当时恐龙的概念还没有形成。1677年，我们国家还处于清朝的康熙年间。那年，英国牛津大学教授罗伯特·普洛特（Robert Plot）发表了一本小册子《牛津郡的自然历史》。在这本小册子里面，普洛特描述了一件骨骼化石，是一件股骨远端的化石，相当于大腿骨膝盖一端。一直到86年以后的1763年，医师理查德·布鲁克斯（Richard Brookes）在《水，地球，岩石，化石和矿物的自然历史》一书中才发表了这件化石的图片。虽然，当时还没有认识到这就是恐龙化石，但这确实是第一件被科学描述的恐龙化石。后来，这件化石被鉴定为巨齿龙（*Megalosaurus*）。非常可惜的是后来这件化石丢失了！

世界上第二件恐龙化石是1728年登记在英国剑桥大学伍德沃德博物馆（Woodwardian Museum at Cambridge University）藏品目录中的一件大型恐龙的胫骨化石。目前这件胫骨化石仍在这个博物馆的藏品中收藏着。尽管没有详细描述，但是这是今天仍然能看到的世界上最早发现的恐龙化石。

1787年在美国新泽西州、1804—1806年在美国西部发现了大量的恐龙化石；1818年，英国牛津大学威廉·巴克兰教授得到了一件带牙齿的恐龙下颌骨化石，化石采集自英国牛津郡侏罗纪岩层中，下颌上面长有带锯齿边缘的牙齿。1822

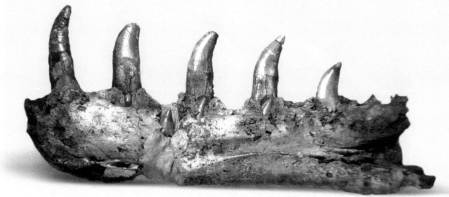

巨齿龙牙齿

年，地质学家詹姆士·帕金森（James Paikinson）博士在《化石学梗概》一书中将其命名为巨齿龙（*Megalosaurus*），并做了详细描述。根据下颌骨化石，帕金森博士推断："整个动物至少长12米，站立时身高2.4米。"这是世界上第一个被正式命名的恐龙属！

大家熟知的曼特尔发现禽龙牙齿被发现与1821年。传说，有一天，陪同曼特尔医生出诊的妻子玛丽·安为了打发时间，在路边随便看看。在一个石堆上，她发现石头上面有闪光的东西。她觉得很奇怪，就拿给曼特尔看！这是一件很像树叶的牙齿化石。曼特尔一看，眼前一亮！这是一个有咀嚼能力的动物的牙齿！曼特尔还不知道有咀嚼能力的爬行动物！所以，曼特尔就断定，这不是爬行动物！

到了1824年，曼特尔对这6件牙齿化石的困惑才解开。那年，曼特尔拿着这些牙齿化石来到了位于伦敦的皇家外科医学院的猎人博物馆（Hunterian Museum）。这个博物馆的藏品中包含了当时所有已知的动物物

禽龙牙齿

现生鬣蜥下颌

5 cm

禽龙牙齿化石和鬣蜥牙齿的比较

现生绿鬣蜥

种的标本。馆长让曼特尔在博物馆内比较解剖学标本库内查找。很凑巧，当时在这个博物馆还有一个访问学者，叫作塞缪尔·斯塔克波利（Samuel Stuchbury）。他正在研究中美洲的鬣蜥。当斯塔克波利将现生鬣蜥牙齿和曼特尔手里的牙齿化石作比较时，两人被两种牙齿之间的相似程度惊呆了！简直一模一样！它们之间的唯一区别就是大小不同！曼特尔异常兴奋！第二年，曼特尔发表文章，直白地把这6枚牙齿命名为"鬣蜥牙齿（*Iguanodon*）"！不过，我国科学家没有把*Iguanodon*翻译成"鬣蜥牙齿"，而是翻译成"禽龙"！所以，禽龙是世界上第二个被命名的恐龙属！

　　关于禽龙的形态复原，还有一段有趣的故事：1825年，曼特尔把禽龙叫作"鬣蜥牙齿"的时候，并不知道这条恐龙长什么样子！因为只发现了几枚牙齿，要想复原全身的形态还缺少很多化石证据。一直到了1834年，在英国肯特郡的梅德斯通矿井中发现了一块大石板，上面镶嵌了很多化石。曼特尔以2500英镑的高价买下了这件化石，并对这件化石进行了详细的研究。这块大石板上镶嵌的恐龙化石是乱七八糟的，估计是恐龙在别的地方死亡的，皮肤和软体腐

梅德斯通矿井中发现的禽龙化石——引自 *The Natural History Museum Book of DINOSAURS*《恐龙——自然博物馆丛书》；作者：Tim Gardom；出版：Pam Macmillan Publisher, Australia. ©1993 The Natural History Museum,London（伦敦自然博物馆）;ISBN 0 7251 0730 8

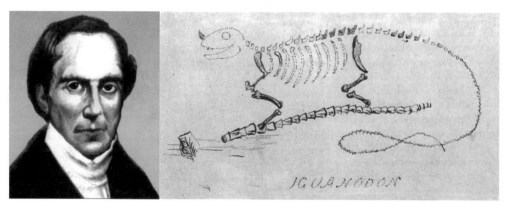

曼特尔绘制的禽龙骨架复原图——参考 Dinosaurs, the text book, by S.G.Lucas，1997

烂后，骨骼被洪水冲到这里来的，很多骨骼都不在自己的位置上。不过，科学家仍然可以根据骨骼的形态推测出它们所在身体的位置。经过详细研究，曼特尔认定这就是禽龙！曼特尔很高兴，为了复原禽龙的形象，曼特尔把其中的骨骼一一都识别出来，并按照比较解剖学的位置复原了骨架的形态。

但是，有一件化石曼特尔无论如何也认不出来。这件化石是锥形的，大的一头还有关节的痕迹！百思不得其解之后，曼特尔感觉这块骨头像是食草动物的角。于是，在复原禽龙的时候，就把这块锥型骨化石放到了鼻子上，暂时给禽龙长了一只角！虽然如此，曼特尔心里一直也不确定。曼特尔一直盼望着能够找到完整的、没有被搬运过的禽龙化石，看看这件锥型骨骼到底生长在哪里？可是一直到1852年曼特尔去世，他也没能实现这个理想。

曼特尔不认识的禽龙锥形骨骼——引自 The Dinosaur Hunters，by L.Dingus,2012

早期禽龙复原图

竖起大拇指的禽龙

　　曼特尔去世26年以后的1878年2月28日，人们终于在比利时贝尔尼沙圣芭贝煤矿（Sainte Barbe Pit）发现了30多具没有被洪水冲散了的禽龙骨架化石，其中11具骨架是十分完整的！人们第一件事就是先看看曼特尔发现的那个"角"在没在鼻子上！结果发现：鼻子上没有！原来这个锥形的骨骼竟然是生长在前足的大趾上！而且在生长方向上和其他几趾几乎垂直！人们恍然大悟，原来禽龙有一对硕大的、奇特的大趾。这个特征是也后来鉴定禽龙类的一个明显标志。

　　到了1842年，世界上已经发现了好几个属种的已经灭绝了的大型爬行动物化石，包括：巨齿龙（*Megalosaurus*）、禽龙（*Iguanodon*）、森林龙（*Hylaeosaurus*）、鲸龙（*Cetiosaurus*）、侧斑龙（*Poekilopleuron*）、槽齿龙（*Thecodontosaurus*）等，都是以前从来没发现过的古代动物。古生物学家、大英自然博物馆馆长理查德·欧文就为此创造了Dinosauria一词，来包含这些庞大的古爬行动物。不过，一开始欧文只是把巨齿龙，禽龙和森林龙归入Dinosauria名下，而把侧斑龙定性为鳄鱼，把蜥脚类

欧文像

恐龙鲸龙归为海鳄鱼，把原蜥脚类槽齿龙归入蜥蜴类群。经过后来的研究，上述这6种古动物都是恐龙。Dinosauria直接翻译成中文就是"恐怖大蜥蜴"，可是，中国科学家，参考了日本科学家的翻译，并没有把Dinosauria直译成"恐怖的蜥蜴"或者"庞大的蜥蜴"，而是翻译成了"恐龙"！大家都知道，中国很早很早就有关于龙的传说。如今，科学家真在地层中发现了龙！于是，恐龙在中国迅速家喻户晓！很多人把恐龙和传说中的"龙"联系了起来。后来，随着科学的普及，特别是大家来到博物馆想看看复原恐龙的真容的时候，才发现！原来恐龙和传说中的"龙"根本不是一回事！但是，"恐龙"一词的翻译为中国古生物事业的发展起到了推波助澜的作用！可以说，这个翻译真是精妙绝伦！

我们现在可以回答"什么是恐龙"这个问题了！按照欧文创造的Dinosauria的含义，可以说"恐龙就是恐怖的蜥蜴"。可是，欧文在创立了Dinosauria之后还加了个注解：非常巨大的蜥蜴（fearfully great a lizard）。所以，按照欧文的意思，恐龙就是巨大的蜥蜴！

可是，随着越来越多恐龙化石的发现，恐龙越来越不像蜥蜴了！比如，霸王龙、马门溪龙、异特龙、三角龙、剑龙、棘龙，特别是带羽毛恐龙的发现，大大改变了人们心目中恐龙的形象。随着科学的发展，生物学界给恐龙的定义也在不断地变化，特别是分支系统学的引入使得生物分类的概念发生了很大变化。1966年，德国生物学家亨尼希（Emil Hans Willi Hennig）提出了新的概念，他认为生物分类应该反映种系的发生，一个类群的动物应该由一个共同祖先演化而来，叫作"单系类群"。这个概念很快就得到了生物学家和古生物学家的广泛认可，并在之后的科学研究中寻找不同类群动物的共同祖先。经过科学家们的不懈努力和对恐龙研究的深入，目前生物学界给恐龙的定义如下：恐龙是三角龙和现今鸟类的最近共同祖先的所有后代所组成的群体！

听起来很拗口吧！下面的这张简图可以帮助大家理解这个听似复杂恐龙的定义。图中，两个粉色三角形分别代表蜥臀类和鸟臀类。它们分别由基干蜥臀类和基干鸟臀类演化而来，然后又各自演化。三角龙属于鸟臀类，现今鸟类起源于蜥臀类。下面的黑圆点代表它们的共同祖先。这里说明一下，鸟类和三角龙的共同祖先还有很多，比如：原始爬行动物、总鳍鱼、脊索动物、单细胞动物、原核生物等，代表着不同阶段的"祖先"。它们是共同祖先，但是不是最近的。恐龙的定义里面强调"最近"共同祖先，也就是说起源于最近共同祖先之后，两类恐龙沿着不同的道路分别演化。而早期的那些共同祖先之间的发展过程中，三角龙和现今鸟类走过了很多共同演化的道路。图中的基干蜥臀类、基干鸟臀类、蜥臀

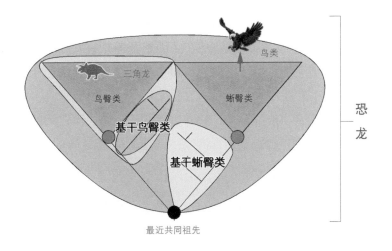

恐龙定义图解（参考网络 wikipedia.org）

类、鸟臀类、三角龙和现今鸟类都是这个共同祖先的后代，除此之外，这个最近共同祖先的后代还包括很多其他物种，都在图中的浅灰色圆钝三角形里面，所有这些后代组成的群体就叫作恐龙（浅灰色部分）。

这个定义是系统发育的定义，特别强调单系类群，也就是说被归入恐龙群类的动物都是共同祖先的后代，没有例外。可是在实际研究中，特别是广大非古生物专业人员怎样从形态上识别古动物是不是恐龙呢！特别是在古生物研究中，科研人员在给古动物命名的时候，常常把古爬行动物命名为"什么什么龙"，而把哺乳动物称为"什么什么兽"。这样看来，被叫作"龙"的动物很可能属于爬行动物，但不一定都是恐龙。这里我们再给出一个形态学上的恐龙的定义，意思就是说：长什么样的动物才是恐龙呢？

生活在中生代、以直立姿态站立和行走的、陆生爬行动物属于恐龙！这个定义有三个关键词：中生代，直立姿态，陆生。

恐龙生活在中生代，而现在是新生代，也就是说恐龙已经灭绝了！可是，科学家现在研究认定现生的鸟类是恐龙的后代，根据上述的"系统发育定义"，恐龙包括所有后代。也就是说，鸟类属于恐龙。鸟类既然属于恐龙，而且生活在今天！那么恐龙就没有灭绝，那么说恐龙仅仅生活在中生代就是不对的了。

我们为什么还要讨论恐龙的灭绝呢？实际上，我们这里想说的是除了鸟类以外，在中生代末期灭绝了的那些恐龙，不包括鸟类。现在为了区别鸟类和已经灭绝的恐龙，生物学界又有了一个新词——非鸟恐龙。非鸟恐龙指的就是除了鸟类以外的所有其他的恐龙。实际上，非鸟恐龙就是传统概念中的恐龙。我们这里提的恐龙的形态学概念也应该叫作"非鸟恐龙"。本书的意图就是想说明这些"非鸟恐龙"的灭绝原因。可是,"非鸟恐龙"一词感觉还是有些累赘。所以,本书所说的"恐龙"除了专门说明的以外,都指的是"非鸟恐龙"。关于鸟类是恐龙的后代的问题,在本书的后面还要有详解,这里就不过多说明了。

直立姿态,指的是恐龙的站立或者行走时的姿态,这和它们的四肢的生长方式有关。恐龙的四肢和哺乳动物以及鸟类一样,是在身体的下面向下生长,膝关节和肘关节呈180°,或者接近180°。这样,恐龙的腹部和哺乳动物一样,离开地面的距离比较远,更谈不上腹部参与行走了。绝大多数其他爬行动物的四肢从身体两侧向外生长,同时膝关节和肘关节形成90°角,使得四足向下着地。这种形态就使得动物站立或者行走时,腹部离地面很近,看起来它们是在爬行,爬行动物名称的来源,就是如此。

发现恐龙的时候,爬行动物类群已经被人们熟知。恐龙虽然不爬行,但是骨骼的很多其他特征以及繁殖方式都和典型的爬行动物一样。所以,恐龙只能屈就于爬行动物家族。所以,我们常说"恐龙是不爬行的爬行动物"。这里还要顺便提一下,"直立姿态"并不等同于我们熟知的"直立行走"。直立行走时前足不着地,仅靠两个后足行走。比如,霸王龙和我们人类都是两足行走。而"直立姿态"就是上面提到的概念:站立时,膝关节和肘关节不拐弯。所以,很多四足行走的动物也都是直立姿态。比如,马、牛、羊等很多哺乳动物。而"直立行走"也属于"直立姿态",是一种特殊形式的直立姿态。

陆生,指的是在陆地生活。恐龙是陆生脊椎动物,它们一生都在陆地上生活。当然,并不排除偶尔到水中游泳、嬉戏。陆生是相对于水生而言的。水生爬行动物指的是一生都在水中生活的爬行动物。因此,它们的体型和四肢都进化得非常适应游泳等水中生活的方式。比如,四肢进化成鳍状,身体流线型等。但是,由于很多水生爬

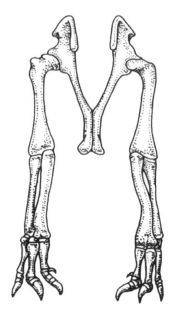

恐龙

其他爬行动物

恐龙和其他爬行动物的站立姿态比较——引自Lucas,1997,*Dinosaur the Textbook*,Wm.C.Brown Publisher）

鱼龙、蛇颈龙、沧龙都不是恐龙

行动物都是从陆地动物演化而来，它们是从陆地返回到水中，所以它们和鱼类又不一样，它们的鳃已经消失了。不能用鳃呼吸，只能用肺呼吸！所以，无论水生爬行动物进化得多么高级，它们在水中的憋气能力有多强，总是要回到水面以上呼吸空气，每隔一段时间，它们就会露出水面去呼吸一下。并这一点上还是陆生动物的特点，就像今天的鲸类一样。所以，判断一种爬行动物是不是水生，主要看其体型是否流线型、四肢是否桨状等，比如，鱼龙、蛇颈龙、贵州龙、沧龙等爬行动物都是水生爬行动物，它们都不属于恐龙。

　　有的时候，我们对那些在水边生活的动物不太好判断它们是不是水生动物。所以，判断古爬行动物是不是恐龙，还是看看它们四肢的生长方式比较准确。比如翼龙，就不属于恐龙。虽然翼龙能在陆地上行走，但是它们四肢的生长方式，还是爬行动物式的。从翼龙的足迹看，它们在陆地行走时是四足行走，并不像人们想象翼龙和鸟类一样，在陆地行走时，两只翅膀"抱"在身体两侧。我们从翼龙化石上可以看到，它们的翅膀上有明显的三个爪子。实际上这三个爪子在行走时都是落地的，而且还留下了足迹。

恐龙在陆地上生活——引自《生物史图说》1982

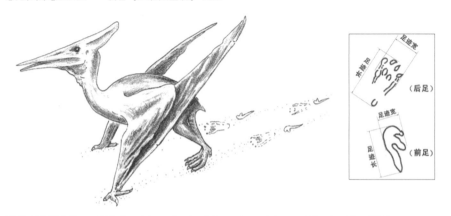

翼龙也不是恐龙——引自 *A guide to the fossil footprints of the world* by Lockley, 2002

　　恐龙虽然不爬行，但是恐龙仍然属于爬行动物大家庭。这是为什么呢？

　　因为恐龙会下蛋！科学术语叫"卵生"，这是和胎生哺乳动物最大的区别。我们在中生代地层中发现了大量的恐龙蛋化石，尤其在中国境内有很多恐龙蛋化石密集产出的地方，比如广东、河南、浙江、江西、山东、湖北、内蒙古等地。在研究恐龙蛋化石的时候，科学家发现无论是长形蛋，还是圆形蛋，恐龙蛋都是成对产出的，也就是说恐龙蛋化石是两两在一起的。科学家分析，恐龙可能具有双输卵管，所以每次能产两枚蛋。

　　恐龙属于爬行动物的理由，还因为它们口中的牙齿都是一样的，叫作同型齿。我们哺乳动物就不一样了，我们口中的牙齿有门齿、犬齿，前臼齿和

赣州窃蛋龙蛋——北京自然博物馆藏　　　河南圆形蛋——北京自然博物馆藏

臼齿的区分，每种牙齿的形态都不一样，叫作异型齿。我们看到恐龙的牙齿，无论生长在什么位置，形状都是差不多的。不过不同类型的恐龙，它们的牙齿也是有很大区别的，食肉恐龙的牙齿是香蕉状、匕首状，边缘还有细小的锯齿；蜥脚类恐龙中有勺形齿、棒状齿等。由于恐龙是同型齿，就给古生物研究人员带来一些困难。哺乳动物的牙齿是异型齿，不同位置的牙齿具有不同的形状。因此，即使化石保存不完整，研究人员也能知道哺乳动物牙齿的位置。可是，恐龙是同型齿，在它们口中，无论什么位置的牙齿，形状都一样。如果只发现单个牙齿，科研人员很难确定这颗牙齿应该在恐龙口中的什么位置。

霸王龙头骨显示牙齿，可以看到恐龙口中的牙齿是一样的

现在生活着的爬行动物都是冷血动物，也叫变温动物；而哺乳动物是恒温动物，体温是恒定不变的。哺乳动物依靠吃下食物，在肠胃里消化吸收并释放出来的热量，来保持体温。爬行动物的体温是依靠环境的温度得到的，并随着温度的变化而变化。环境温度高的时候，爬行动物的体温就高，环境温度低的时候，它们的体温就低。冷血动物要想自由活动，体温必须要达到一定的温度。农夫和蛇的故事大家都知道。当农夫发现"冻僵"了蛇的时候，实际上，是当时的环境温度太低，蛇是动不了的，所以任凭农夫随意抱起。当蛇从农夫的身体环境获取热量之后，体温升高，它就可以动了！这个故事告诉我们要分清善恶，不要怜惜蛇一样的恶人。同时，还告诉我们：蛇是变温动物！所以，冬季来临的时候，就很少有爬行动物活动了，因为这个季节即使白天的温度也达不到它们能够活动的温度。所以，很多爬行动物在冬天就有冬眠的习性。

剑龙复原像

那么，亿万年前的恐龙到底是恒温动物？还是变温动物呢？测量它们的体温显然是办不到的！我们只能根据硬邦邦的化石来推断它们的体温。让我们看看剑龙。剑龙背上有很多剑板，有的剑板是三角形的，每个剑板都有一个尖尖的角指向上方。刚刚发现剑龙化石的时候，科学家们认为这三角形的剑板，还有一个向上的尖角，很像是保护自己的武器。尖尖的剑板可以防止食肉恐龙的袭击。可是，仔细观察这些剑板的生长位置可以发现，这些剑板都长在后背上，可以对后背进行保护。可是，身体最薄弱的腹部却没有剑板保护！而且，剑龙身体表面那么大面积，这两排剑板保护的面积实在太有限了！科学家再仔细观察剑板本身发现：剑板并不是一块坚硬的光板，在剑板的表面有很多沟槽，密密麻麻！科学家们推测这是血管的痕迹！剑板上有这么多血管要是作为防御的武器就太不适合了！食肉恐龙用尖锐的爪子轻轻一碰，剑龙就会血流如注！那么具有这么多血管的剑板到底是做什么用呢？科学家推测，这可能是散热板或者吸热器的器官！当剑龙体温低的时候，它们就把剑板张开朝向太阳！太阳把剑板中的血液晒热，热血流遍全身，就能提高体温。当剑龙的体温过高时，它们就可以把剑板竖立起来，剑板血管中的血液就会冷却下来，慢慢达到降温的效果。所以剑板是剑龙类恐龙调节体温的装置。有这种器官的动物，科学家就认为它们是变温动物，至少有一些恐龙是冷血动物。

20世纪末，中国科学家在辽宁西部和内蒙古等地发现了大量的带羽毛的恐龙。羽毛具有保温作用，所以可以推测出这些长羽毛的恐龙可能是恒温动物。另外，恒温动物的新陈代谢速率高，骨骼中血管密度大；而变温动物大都有冬眠的习惯，冬眠时骨骼生长慢，于是在骨骼中就留有生长纹。可是，科学家对恐龙骨骼的研究发现，恐龙骨骼中有较密集的血管，其密度甚至比有些哺乳动物都高！而且，恐龙骨骼上没有生长纹，说明恐龙没有冬眠的习惯。冬天它们也能够照常活动。这都是恒温动物的特点。所以，科学家推测很多恐龙都是恒温动物！虽然是恒温动物，也不排除恐龙属于爬行动物的事实。

在爬行动物中，蜥臀目和鸟臀目这两类动物是符合上述恐龙的形态学定义的。所以，在爬行动物中，蜥臀目和鸟臀目的动物属于恐龙。

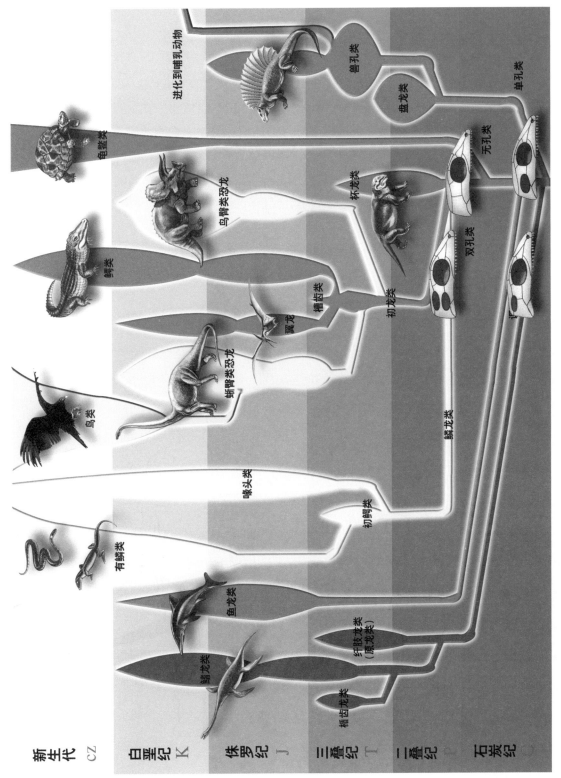

进化到哺乳动物

兽孔类

盘龙类

单孔类

龟鳖类

鸟臀类恐龙

杯龙类

无孔类

鳄类

槽齿类

初龙类

双孔类

翼龙

蜥臀类恐龙

鸟类

喙头类

鳞龙类

有鳞类

初鳄类

鱼龙类

纤肢龙类
（原龙类）

蟾龙类

楯齿类

楯齿类

新生代 CZ

白垩纪 K

侏罗纪 J

三叠纪 T

二叠纪 P

石炭纪 C

爬行动物的分类演化图——参考 Purnell's Prehistoric ATLAS：珀内尔史前画册

# 恐龙的起源

据科学家分析，恐龙起源于一种叫作西里龙的初龙类爬行动物。西里龙生活在2.3亿年前的三叠纪晚期，身长约2.3米，四足行走，以植物为食。西里龙的四肢已经可以把身体支撑了起来，接近了恐龙的体型。科学家推测西里龙极为活跃，常常把腹部抬离地面，前肢也抬起来，用后肢奔跑。它们的后肢长而有力，成为主要运动器官，前肢则退化了。这就引起全身结构的变化，它们的身体上升，重心压在臀部，腰部力量加强。为了配合身体的平衡，就需要一个长尾巴，四肢的生长点也移到了身体下面。

有位科学家曾大胆地推测最早恐龙的模样：它是一种两足行走的小动物，以肉为食，体长不超过2米，用前肢抓东西或爬行，后肢支撑身体，靠尾巴来平衡……

1988年，这类动物终于在阿根廷如愿以偿地被找到了，它就是埃雷拉龙（又称黑瑞拉龙）。埃雷拉龙的化石发现于晚三叠世地层中，距今大约2亿2800万年。

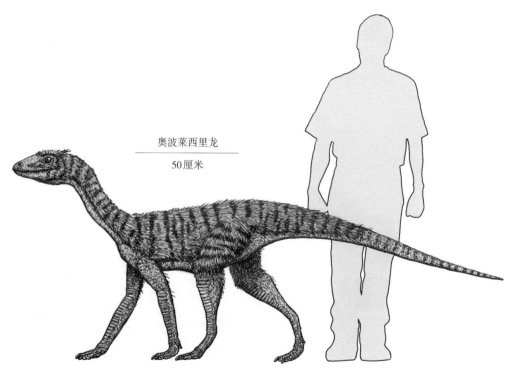

奥波莱西里龙

50厘米

奥波莱西里龙和人类的体型比较——引自网络wikipedia

埃雷拉龙和始盗龙骨架

埃雷拉龙是食肉动物，体长3-5米，长着一条长尾巴、小脑袋。它的后肢粗壮，有5个脚趾，但只有中间三根脚趾承重，第一趾和第五趾退化。前肢短小，只有不到后肢一半大小，大拇指和第二、第三指有尖利的爪，可以抓握猎物。从埃雷拉龙的骨架特征上来看，它是一个完全的两足行走者，能够敏捷地奔跑。

1991年，在与埃雷拉龙相同的层位，相同的地点又发现了另外一种恐龙，这种食肉性恐龙，叫作始盗龙。"相同层位和相同地点"说明始盗龙和埃雷拉龙生活在同一时期，同一地点，也是阿根廷的西北部。始盗龙的个体比黑瑞拉龙小很多，为趾行动物（行走时只用脚趾着地），股骨长只有15.2厘米，胫骨长15.7厘米。根据骨骼结构可以推测始盗龙奔跑迅速；前肢长度只有后肢的一半，是两足行走动物。古生物学家认为始盗龙很像是所有恐龙的共同祖先。如果这种猜测真的，那么最早的恐龙就是一种小型两足行走的肉食性恐龙。

到目前为止，埃雷拉龙和始盗龙是世界上发现的年代最古老的恐龙。因此，南美洲阿根廷等地被认为是恐龙的起源地。恐龙刚刚出现的时期，也就是晚三叠世的时候，各个大陆还没有完全裂开，恐龙很快就分布到了各个大陆。所以，在七大板块中的含有陆地的六大板块上都发现过恐龙化石，甚至包括寒

埃雷拉龙复原图

冷的南极洲。如果大家仔细观察一下世界地图，就会发现大西洋两边的非洲东海岸和南美洲西海岸的轮廓是相互对应的，是可以拼接在一起，这是大陆曾经连在一起的证据之一。大约从2亿年前大陆开始出现裂缝，后来越来越大，形成了今天的大西洋。大西洋在2亿年的时间里裂开了3000千米！有兴趣的读者都能计算出大陆漂移的速度！

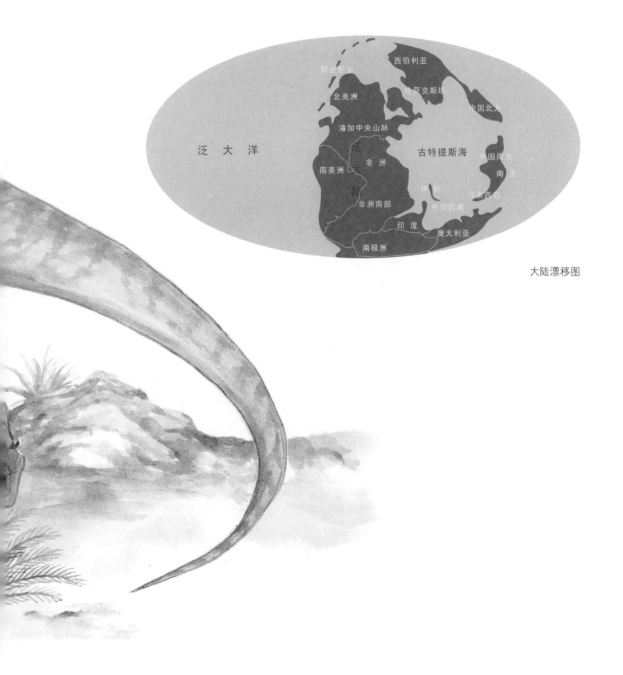

大陆漂移图

# 恐龙是怎样登上陆地霸主宝座的

　　恐龙一出现就以自己特殊的站立姿态"出人头地"。它们凭借自己强健的肢体很快在陆地生态环境中占据主导地位。恐龙出现以后，联合古陆继续分裂，北方的大陆分成欧亚大陆和北美两块大陆，南方大陆（冈瓦纳古陆）分裂成南美洲、南极洲、非洲、澳大利亚和印度版块。由于恐龙形成的时候，各个大陆还是连在一起的，恐龙很快占据了陆地上的各个角落。大陆分裂开以后，各大陆的恐龙天各一方，各自在自己的领域里称王称霸，几乎没有任何

蜥脚类群图——引自 *Dinosaur Factfile* by D.Burnie,2005

竞争对手。但是在恐龙世界的内部到处是弱肉强食，但那都是恐龙世界"内部争斗"，它们自己会保持着最有效的生态平衡。

侏罗纪到白垩纪期间，地球上的各个大陆上都是温暖潮湿的环境，到处密布着沼泽和湖泊。原始的蕨类植物大多数已经被先进的真蕨类所代替。同时，银杏类、苏铁类以及松柏类等裸子植物发展成熟，形成了茂密的沼泽森林。因此，晚侏罗世（侏罗纪的第三个世）是我国另外一个十分重要的成煤期，现在我国许多重要的煤矿都是在这一时期形成的。这种温暖潮湿的环境一直保持到晚白垩世，环境条件为恐龙的大发展提供了优厚的外因条件。不过，根据最新的研究成果，尽管当时裸子植物很繁盛，但是植食性恐龙最喜爱的食物还是蕨类植物，特别是木贼类植物是恐龙的最爱。

先进的内因在优厚的外因条件的作用下，使恐龙的发展"一发不可收拾"。到了晚侏罗世出现了许多大型及超大型恐龙，几十吨甚至上百吨重、长达几十米的蜥脚类恐龙是晚侏罗世地球上的"巨人"。这些蜥脚类恐龙根本不用为觅食到处奔波忙碌，遍地都是它们的食品。优美舒适的环境造就了这些大型的恐龙。这种超大体型实际上是一种特化现象，它们全面地适应了这种舒适环境，这也为后来因环境的突然改变而灭绝埋下了隐患。

以植物为食的恐龙有足够的食品供它们肆无忌惮地生长，这就又给食肉恐龙提供了足够的食物来源。最大的食肉恐龙——霸王龙就是肉食性恐龙发展到顶点的标志。霸王龙身长可达到14.7米，站起来的时候有6米高，用现在楼房和它对比的话，霸王龙的头可以伸到三楼！它们的体重可以达到8吨以上，相当于三头现代非洲象的总和！

如果我们仔细观察霸王龙的头骨，还会发现一个奇怪的现象，霸王龙除了上下颌能张开血盆大口以外，它下颌骨的前端（相当于我们人的下巴）是断开的，这就表明霸王龙的口不但能够上下张开，同时下颌还可以向左右两侧张开，这样，它的口就可以张得更大，可以吞食更大块的食物，可见当时"肉类食品"是十分充足的。霸王龙的化石最早在美国被发现，我国的山东、新疆和河南等地也都发现过霸王龙类的化石。

各种暴龙类头骨

　　综上所述，正是因为恐龙有先进的体型特征——四肢直立，将腹部抬离地面作为内因，再加上舒适的外部环境，以及没有有力的竞争者等外因的相互作用下，使得恐龙很快就登上了霸主的宝座。

　　在登上霸主宝座的同时，恐龙也特化了自己的身体，身体特化就意味着它们将承担不起任何、哪怕是十分微小的环境变化。因为进化是不可逆的，特化了的身体再也变不回来了！说到这里，不禁想提醒一下我们人类，从现在人体特征上看，我们人类也已经特化了，这就意味着，我们将承担不起环境的变化，科学家早就看到了这一点。现在从政府部门到科学界到处都在呼吁保护环境是有着充分的科学依据的。保护环境，就是保护我们人类自己。

# 恐龙都有哪些类群

在"什么是恐龙"的章节里，我们说到"生活在中生代以直立姿态行走的爬行动物就是恐龙"。而在爬行动物大家族中，只有蜥臀目和鸟臀目的爬行动物动物能够把身体支撑起来站立或者行走。这样，蜥臀目和鸟臀目的爬行动物属于恐龙。

所以，恐龙包括两大类：蜥臀目和鸟臀目。

这两类动物的区别是很大的，最主要的区别在它们的腰带上。科学家将脊椎动物身体中连接四肢和脊椎的、起纽带作用的骨骼叫作肢带，连接肢带骨前肢的叫作肩带，后肢的就叫作腰带，腰带又俗称骨盆。恐龙的腰带由三对骨头组成：肠骨、耻骨和坐骨，分别在脊椎两侧各形成一个窝，供大腿骨附着。这两类恐龙在腰带上的区别在于这三对骨头的排列上，关键在于耻骨的方向。如图所示，在两大恐龙类群中，蜥臀目的耻骨是向前伸出的，称为三射型腰带；而鸟臀目的耻骨是向后伸的并与坐骨平行，称为四射型腰带。

总体来说，世界上最大的恐龙、最厉害的恐龙、最聪明的恐龙都属于蜥臀目，而且所有吃肉的恐龙属于兽脚类，也都在蜥臀目；而鸟臀目中则包含着那些奇形怪状的恐龙，比

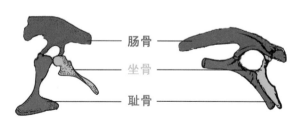

肠骨

坐骨

耻骨

恐龙腰带结构

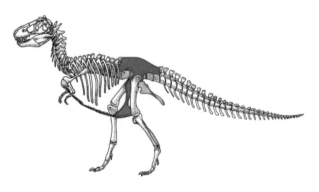

蜥臀目及其腰带结构

恐龙腰带生长位置

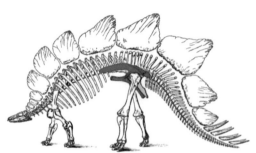

鸟臀目及其腰带结构

| 目 | 腰带图 | 亚目 | 恐龙形象复原图 |
|---|---|---|---|

蜥臀目

基干蜥臀类

黑瑞拉龙

蜥脚型类

禄丰龙　蜀龙

马门溪龙　雷龙　梁龙　重型龙　叉龙

查干诺尔龙

兽脚类

恐爪龙　似鸟龙　霸王龙　小盗龙　二连巨盗龙

鸟臀目

基干鸟臀类

天宇龙

鸟脚类

禽龙　似棘龙　鸭嘴龙　巴克龙

有甲类

剑龙　甲龙　甲龙骨架

边头类

三角龙　戟龙　肿头龙　鹦鹉嘴龙

恐龙分类图2018

如，头上长角的、身子上长剑板的、嘴像鸭子嘴一样的恐龙都属于鸟臀目。

我们大概解释一下上面这张图表：

基干蜥臀类：首先我们大致了解一下"基干"这个新名词。"基干蜥臀类"全称应该叫作"蜥臀类的基干类群"。"基干类群"是分支系统学中的一个重要概念，意思就是祖先类群，基干蜥臀类的意思就是蜥臀类的祖先！所以，严格来说基干蜥臀类还不属于"真蜥臀类"，但是，整个蜥臀类是由"基干蜥臀类"演化而来。而且，基干类群的动物现在已经全部灭绝。我们都知道，黑瑞拉龙和始盗龙是最原始的恐龙。但是，经过详细研究，这两种恐龙只是蜥臀类的祖先。更有科学家认为始盗龙竟然是长脖子的蜥脚类恐龙的祖先；而黑瑞拉龙是所有食肉恐龙——兽脚类恐龙的祖先。不过，关于黑瑞拉龙和始盗龙的分类位置归属，科学界有很多争论。

蜥脚型类：包括原蜥脚类和蜥脚类恐龙，大多都是四足行走，特别到了真蜥脚类恐龙，就更是脖子很长，四条粗壮的腿就像大象的腿一样支撑着沉重的身躯在陆地上行走。而且世界上最大恐龙都属于蜥脚类，比如，巨型汝阳龙、马门溪龙、阿根廷龙、雷龙、腕龙、梁龙……太多太多了。

兽脚类：两足行走，每只脚上只有三个脚趾着地，留下了许多三趾脚印化石，常常被老百姓称为"鸡爪石""凤凰脚印"等。有的兽脚类恐龙只有两个脚趾着地。兽脚类绝大多数是吃肉的恐龙。著名的霸王龙、特暴龙、快盗龙、恐爪龙、窃蛋龙、永川龙等都是兽脚类家族的成员。

鸟臀目的恐龙都是以植物为食的！

基干鸟臀类：和基干蜥臀类一样，包含着那些鸟臀类的祖先类群，异齿龙科就是其中一类，它们体型较小，一般身长1-2米，两足行走，牙齿很特殊，口中的牙齿明显地分为两种：前面的牙齿呈钉状，边缘无锯齿；后面的牙齿呈锉状，边缘有锯齿。所以被称为"异齿龙类"（*Heterodontosauridae*）。但是，不要和二叠纪时期，背上长帆的"异齿龙"（*Dimetrodon*）相混淆。在我国辽宁省内的侏罗纪地层中发现的"孔子天宇龙"就是基干鸟臀类的代表。

鸟脚类：顾名思义，这类动物的脚像鸟的脚。和兽脚类一样，它们大都也是三个脚趾着地，而且也常常是两足行走，在足迹研究上常常与兽脚类足迹相混淆。但是，鸟脚类的脚趾岔开的角度比较大，两个外侧指的夹角往往大于120°，而且脚趾很粗壮，不像鸟的爪子和兽脚类恐龙的脚趾那样纤细。我们一开始提到的，竖着大趾的禽龙就是鸟脚类家族的重要成员，另外，还有鸭嘴龙类，如著名的山东龙、青岛龙等。

有甲类：这类恐龙比较好识别，主要包括身上长有剑板的剑龙类和"坦克恐龙"——甲龙类。

边头龙类：包括角龙类、肿头龙类和鹦鹉嘴龙类等三个大类群的恐龙。科学家认为，这三类恐龙是起源于一个共同祖后分别发展成为三大类群的，所以，它们是一个大家族，在分支系统学上被认为"单系类群"。单系类群是现代生物、古生物分类的重要依据。角龙类比较好认，头上有角，最著名的就是三角龙。但是也有些原始的角龙类没有角，比如原角龙，虽然没有角，但是它们的脖子上面有一个大大的颈盾保护着弱小的脖子。颈盾是识别角龙家族的重要特征，鹦鹉嘴龙没有颈盾，但是它们嘴的前端有一块小骨头，叫作"吻骨"，而这块吻骨是所有角龙类家族所共有的"家族特征"。因此，鹦鹉嘴龙被认为是和角龙类属于同一大家族的成员。肿头龙类数量不多，但是样子很奇怪，它们头顶的骨骼很厚，成年个体可达到25厘米厚！

# 恐龙到底有多大

有史以来陆地上最大的动物就是恐龙。但是，并不是所有的恐龙都是庞然大物，有相当一部分恐龙的个体和我们常见的马、牛、大象的体积类似，有些甚至更小，最小的恐龙和家养的鸡差不多大。

最长的恐龙：最长的恐龙都属于蜥脚类恐龙，它们身体庞大，头很小，脖子和尾巴都很长，用四足行走，以植物为食。它们的腿有点像大象的腿。蜥脚类恐龙的脖子很长，差不多占据身体的一半，为了配平，它们的尾巴也很长。世界最大恐龙的排行榜，经常会发生变化，而且即使科研成果都发表了，要想得到所有人的认可，也不是件容易的事情。

巨型汝阳龙

根据目前掌握的数据，目前排名第一的，世界上最长的恐龙是在我国河南发现的巨型汝阳龙！巨型汝阳龙装架后，全长38.1米！颈部长16.5米！头距离地面14.5米！是目前确认尺寸中最长的恐龙。2006年，在河南省洛阳市汝阳县刘店镇沙坪村盛水沟的早白垩世地层中发现了部分骨骼化石。2009年，吕君昌等科学家根据这些材料建立了新属新种——巨型汝阳龙（*Ruyangosaurus giganteus*）。科学家们于2008年、2010年和2011年三次在同一地点进行了补充发掘，于2014年完成了整个骨架的复原和装架，并于2015年首次在北京自然博物馆公开展出。

　　排名第二的是中加马门溪龙（*Mamenchisaurus sinocanadorum*），这只恐龙发现于1987年，1993年研究命名，是中国——加拿大联合恐龙考察时在新疆奇台的将军庙地区的晚侏罗世地层中发现的，年代距今1.6亿年。发掘这具恐龙化石历时3年的时间才完成！最初是著名恐龙专家、被誉为恐龙大王的董枝明教授最先发现了暴露在地表的一段肋骨化石。后来，考察队清理了围岩后发现了一串脊椎。考察队就顺着往深处挖掘！一直到第4个年头的1990年的夏天，终于挖到了这串脊椎的尽头：一个头骨化石，挖掘工作才算完成。最后挖到的化石有头骨、下颌骨及一串10多节相连接的颈椎。其中最大的一节颈椎长1.6米，颈肋长4米，据此推测出中加马门溪龙身长35米，可与阿根廷龙的长度媲美！在巨型汝阳龙发现之前，中加马门溪龙一度成为世界上最长的恐龙。中加马门

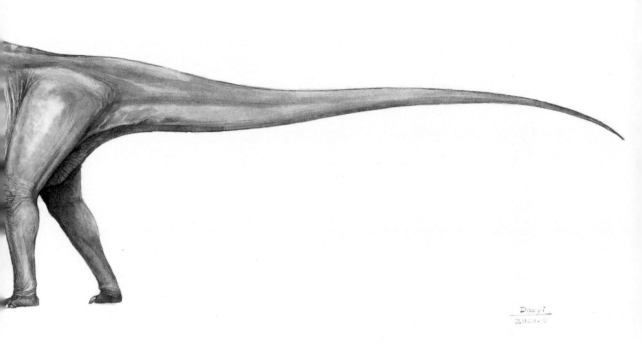

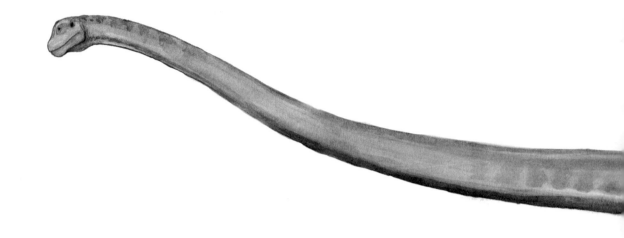

中加马门溪龙推测长度

溪龙是马门溪龙属的一个种，具有马门溪龙的共同特点——长长的脖子，中加马门溪龙的脖子长达15米！几乎占去了整个身长的一半！它的颈椎可达到1.4米长！马门溪龙的脖子中的颈椎都附着着长长的颈肋，最长的可达到4米！可以穿过3-4个颈椎的两边，这样在颈部的中后部的每块颈椎的两边就有6条左右的颈肋保护着。马门溪龙的脖子不会有太大的弯曲，它们更不会把头高高抬起！因为这些颈肋不允许马门溪龙这么做！根据身长和骨骼结构，科学家推测中加马门溪龙的体重可达到75吨！

与马门溪龙并列第二的是阿根廷龙，身长可达35米！在相当长的一段时间，阿根廷龙占据着世界最长恐龙的位子。1987年在阿根廷西部晚白垩世早期的地层中发现的阿根廷龙化石，距今已有9500万年。由于化石巨大，刚发现的时候人们还以为发现的是硅化木！阿根廷龙的化石发现了部分背椎、荐椎，不完整的髋骨以及部分残缺股骨，一根胫骨。虽然股骨不太完整，但是已经可以推测出其完整的长度能达到2.56米！于是推测阿根廷龙可达到35米长，体重至少70吨重！与加马门溪龙并列第二。

并列第二的还有超龙（Supersaurus），体长也是35米。最早的超龙化石是1972年在科罗拉多州的干梅萨采石场采集到的。但是，发现的化石比较少，只有肩胛骨、一块坐骨和几节颈椎，其中肩胛骨长2.4米！凭这几块骨化石，科学家推断超龙身长可达35米，体重可达50吨！而且，脑袋可以抬到距离地面15米的高度！超龙的体格形态和梁龙差不多，后腿比前腿略长。

阿根廷龙复原图——引自网络www.sohu.com

超龙肩胛骨＋前肢复原

还有两条恐龙容易和超龙混淆，它们的拉丁文学名都有"超级"的意思。根据它们是采集自相同采石场的大型蜥脚类化石，科学家还命名了另外一个大型蜥脚类恐龙，叫作"巨超龙"（*Unltrasauros*），也有些科学家不太承认这个"巨超龙"，因为后来的科学家认命巨超龙时所用的化石标本（模式标本）就是超龙的。所以，"巨超龙"这一名称无效。还有一个和巨超龙拉丁文很像的恐龙，被翻译成"极龙"（*Ultrasaurus*）。极龙是韩国古生物学家命名的，也是一条大型蜥脚类恐龙。这两种恐龙的拉丁文名只差一个字母！

排名第五的是梁龙（*Diplodocus*）！这可能很出乎许多人的预料！梁龙的身体只有28米长！怎么能排到第五名呢！能提出这样问题的读者知识还真很是丰富吧。没错！按照原来的认识，梁龙无论如何也排不进前10名！曾经这个第五名的位置被地震龙（*Seismosaurus*）占据过很长一段时间。地震龙的化石最早是1979年在美国新墨西哥州发现并采集的，直到1991年才正式命名。命名为地震龙的原因很可能是看这条恐龙很大，走起路来会引起大地震颤吧！地震龙身长33米！别看它身长很长，但是腿却比较短，曾被人们戏称为"腊肠狗"！后来科学家发现地震龙的特征与梁龙的鉴别特征完全符合，实际上，地震龙就是长得过长的梁龙！于是，2004年，地震龙被归类于梁龙属，是梁龙属的一个种——哈氏梁龙（*Diplodocus hallorum*）。就这样，本来不足30米长的梁龙借着地震龙的

地震龙——引自*DINOSAURS*（恐龙）
by L.B.Halstead & J. Halstead,1981

光，在最长恐龙的比拼中，走进了世界前列。

在提到最大恐龙的时候，还有两种恐龙也值得提一下，那就是易碎双腔龙和巨体龙。传说易碎双腔龙体长58米，巨体龙身长50-62米，体重超过220吨！但是，这两条恐龙都由于化石丢失，数据记录不完整而被人们提出质疑。

我们先看看易碎双腔龙，拉丁学名是 *Amphicoelias fragillimus*。1877年，易碎双腔龙化石在美国科罗拉多州大炮城北部侏罗纪晚期的地层中被发现，就在不远处的地层中曾经发现过著名的圆顶龙化石。当时，正是美国著名的"考普和马什的化石战"发生的时候。易碎双腔龙化石是考普的助手卢卡斯发现的。当时只发现了一件不完整的脊椎（脊椎动物上半部），但这脊椎很大，高1.5米！如果修复后，完整的脊椎可高达2.7米！化石发现于风化严重的松软泥岩当中。当然，化石本身也非常脆弱。所以，考普命名时使用"易碎"作为种本名。很快，卢卡斯就把化石运送到考普手中。考普刚刚画完了一个角度的素描图，化石就丢失了。当时，还没有太好的化石保护技术，有人猜测是博物馆工作人员无意中将破碎严重的化石当作碎石渣扔掉了！同时，考普的素描图也遭到了质疑，因为上面标注的长度单位是厘米，而当时的科学家习惯于用毫米作为标注单位！如果按照脊

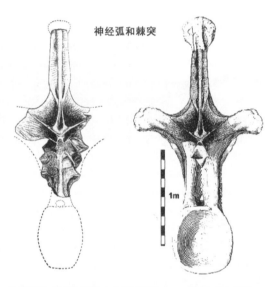

神经弧和棘突

1m

易碎双腔龙脊椎素描（化石已丢失）——图片来自网络

椎高2.7米来推算，易碎双腔龙体长可达到58米！可惜的是，化石标本也不见了，素描图又遭到了质疑。所以，许多人认为58米长的易碎双腔龙可能并不存在！这也成了恐龙界的一桩悬案。

还有一件事也让人们质疑易碎双腔龙的真实性：在考普命名易碎双腔龙之前，他已经命名了一个叫作"高大双腔龙"的恐龙。高大双腔龙也是在同一层位、同一地点发现的，体长只有25米。但是，比起"易碎双腔龙"来并不高大。很多科学家根本不承认后来命名的第二个种——易碎双腔龙，同是双腔龙属的两个种怎么差别那么大呢？

58米

高大双腔龙（绿色）和易碎双腔龙（橙色）的个体比较

蜥脚类恐龙依仗着特殊的体型占据了最大恐龙的地位，其他恐龙的体长很难超过蜥脚类恐龙。但是，各个门类的恐龙也都有着自己的风采。

最大的食肉类恐龙应当是霸王龙当之无愧！最大的霸王龙身长14.7米！重8.8吨！要知道，食肉恐龙是依靠捕食其他动物而生存的。所以，它们的体型不会很重！太重了，奔跑起来需要消耗大量的能量。考虑到这一点，能够捕食其他动物的近9吨重的霸王龙，的确算是庞然大物了。后文中还有详细的介绍。

最大鸟脚类恐龙应该是鸭嘴龙类中的巨型山东龙，化石发现于山东省诸城市库沟村龙骨涧。其实，很久以前龙骨涧的化石就被人们所发现，龙骨涧地名由来已久，但是一直没有科学的描述。1964年，在地质普查中再次发现恐龙化石，并在1964年到1968年年间，对这里进行了4次科学性发掘。1973年，中国地质博物馆胡承志先生描述命名巨型山东龙。它身长15米，装架后陈列在北京自然博物馆。2007年，中国科学院古脊椎动物与古人类研究所赵喜进先生又研究并命名了巨大诸城龙，身长16.6米；2011年又命名了巨大华夏龙，身长18.7米！后来，经过详细研究认定它们都是巨型山东龙。因此，最大的巨型山东龙身长18.7米！比

北京自然博物馆内的巨型山东龙骨架

三角龙骨架

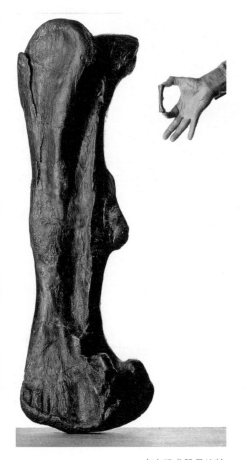

大小恐龙股骨比较

最大的霸王龙还要长，巨型山东龙是世界上最大的两足行走的恐龙！

角龙类和蜥脚类恐龙比起来，个体可不算大。最大的角龙类当属三角龙（*Triceratops*），身长只有9米！可是，它那硕大的头骨给人以深刻印象！在头骨的后半部分有一个巨大的骨质褶边，保护着弱小的颈部，这个褶边叫作"颈盾"。算上颈盾的话三角龙的头骨可达3米长！

最大的剑龙类恐龙是剑龙属（*Stegosaurus*），最大身长也只有9米，估计体重3吨。剑龙四足行走，它的体型很奇怪：后腿比前腿长很多，看上去一点儿也不协调，所以整个剑龙看起来就像一个"驼背老人"！剑龙的头很小，大脑就更小了，脑容量只有核桃那么大！

恐龙并不都是庞然大物，有很多恐龙只是我们常见动物的大小，甚至有些恐龙属于小型动物的范畴。小型动物的化石不太容易发现，并不是因为它们的数量少，而是小型动物死亡以后很容易被搬运，或被其他动物吃掉。另外，在野外大型的动物化石比小型动物化石更容易被发现，这也给人们一个错觉，认为小型动物比较少。而事实恰恰相反，由于小型动物在生活时比大型动物更容易"解决温饱问题",它们也比大型动物更容易躲藏、逃避。英国人有句成语：Small is good.因此小型恐龙的数量应该比大恐龙多,只是由于上述提到的多种原因而很少被发现而已。

下面列举一些小型恐龙的例子：发现于辽西朝阳地区早白垩世地层中的一种兽脚类恐龙,名为小盗龙（*Microraptor*）,应该只最小的恐龙之一了。它的身体全长不超过40厘米,被确认为世界上已知的个体最小的成年恐龙。这也是一种带毛的恐龙。

小盗龙

秀颌龙——引自"恐龙丛书",光明日报出版社,1995

秀颌龙（*Compsognathus*）身长60厘米,和一只鸡的大小差不多,估计体重不超过3公斤,它们生活在一亿四千五百万年以前的侏罗纪晚期。

跳足龙（*Saltopus*）也只有60厘米长,平时以昆虫为食,生活在2亿年前的早侏罗世。

莱索托龙（*Lesothosaurus*）,身长90厘米,跑得

跳足龙复原图——引自*DINOSAURS*（恐龙）;
by L.B.Halstead & J. Halstead,1981

莱索托龙

很快，以植物为食，生活在2亿多年前的侏罗纪早期。

鼠龙（*Mussaurus*）是目前发现的体积最小的完整恐龙，身长只有20厘米，可是根据研究这是一条未成年的恐龙，还不能说明什么问题。

古生物学家认为鸟类是恐龙演化而来的，所以鸟类也属于恐龙的范畴。和鸟比起来，上述几十厘米长的恐龙就不算小了！很多鸟类都很小，最小的鸟类——蜂鸟是不是可以算是最小的恐龙了。

鼠龙——引自C. Bingham，2007. *Dinosaur Encyclopedia*，Dorling Kindersley Limited

2020年，科学家在缅甸一亿年前白垩纪琥珀中发现一只有史以来最小的恐龙。实际上，这是一只被裹进琥珀中的小鸟，研究人员将它命名为"宽娅眼齿鸟"（*Oculudentavis khaungraae*）。复原后，这种鸟的长度只有5厘米，重量不足30克，与蜂鸟的体型差不多大。但是它的嘴里还有很多密集的牙齿，说明这种小恐龙以捕食虫类为生。不过，在后来的研究中，有些科学家对保存在琥珀中的这只动物是不是鸟提出了怀疑。

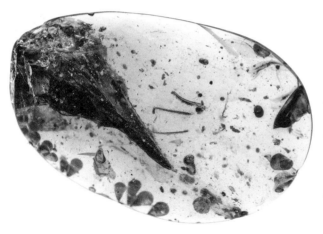

琥珀中的小恐龙及复原图——邢立达提供

　　在恐龙足迹研究中有过最小恐龙足迹的记录，是发现在我国四川省峨眉山市川主乡的早白垩世地层中，被命名为"川主小龙"（*Minisauripus chuanzhuensis*）足迹，是一种特别小的食肉恐龙所留的。后来，在我国的山东和韩国也发现了相同的小龙足迹。川主小龙足迹长2厘米，三趾型，和川主小龙足迹在一起保存的还有一种更小的恐龙足迹，叫作峨眉跷脚龙足迹，足迹长2.7厘米，但是足记前面包括一个0.5厘米长的爪迹！这是目前记录到的最小的恐龙足迹。留下川主小龙足迹和峨眉跷脚龙足迹的造迹恐龙的个体和现在的麻雀大小差不多。这两件最小的恐龙足迹化石，现在都保存在重庆自然博物馆。

川主小龙足迹

峨眉跷脚龙足迹

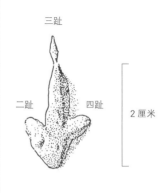

峨眉跷脚龙足迹图

最大恐龙蛋——西峡巨型长形蛋（Macroe-longatoolithus xixiaensis）

　　恐龙蛋实在是小得使人有些不大相信那是恐龙下的蛋，最大的恐龙蛋只有45厘米长，叫作"西峡巨型长形蛋"（*Macroelongatoolithus xixiaensis*）。而一般的恐龙蛋只有20厘米上下，甚至更小。在恐龙蛋化石面前，多少人感到迷茫：这么大的恐龙怎么只产下这么小的蛋呢？实际上，和恐龙骨骼化石比起来，恐龙蛋化石种类显得很少，这么少的数量根本不能代表所有恐龙蛋的面貌。尽管在我国河南、广东、湖北等地都发现了大量的恐龙蛋化石，但是种类仍然不多。截至2015年，中国的恐龙蛋只记述了13个科，29个属，65个种，而且其中还有15个种有疑问。即使到了2020年，恐龙蛋的种类数量也没增加多少，而从骨骼化石中发现的恐龙种类，仅中国就有超过300种，而全世界范围的恐龙种数已经远远超过1000种。和骨骼化石比起来，恐龙蛋的种类就显得太少了。恐龙蛋化石绝大多数都是在白垩纪地层中发现的，可是恐龙的生活年代是三叠纪晚期就开始了，早期恐龙的蛋化石极少发现。即使在早期地层中发现一些蛋化石，对其是否是恐龙蛋化石也争议颇多。这是恐龙世界留给我们的一个谜——白垩纪以前的恐龙蛋都哪里去了？

# 三叠纪时期的恐龙明星

　　三叠纪从2.52亿年前开始，到2.01亿年结束，历时5100万年，分成三个世：早三叠世、中三叠世和晚三叠世。

　　恐龙是晚三叠世才开始出现的。所以三叠纪的恐龙只是刚刚出现的一些原始的类型，种类不多，个体也不大。在恐龙起源的章节里，我们已经介绍了最早的恐龙出现在南美洲的阿根廷地区。恐龙刚刚出现的时候，古生代末期形成的联合古陆刚刚开始解体，各个大陆基本还是联在一起。所以，最早的恐龙在阿根廷地区一出现，很快就遍及陆地上的每个角落。由于联合古陆集中在地球中部，围绕着赤道地区，所以当时没有大陆冰盖，甚至所有大陆都没有冬天，植物茂盛，特别适合恐龙生活。前面提到的黑瑞拉龙和始盗龙，一直作为最早的恐龙而广泛被人们关注，理所当然地成为三叠纪时期的恐龙明星。

　　晚三叠世的大部分恐龙的个体都很小，一般不长于3米。比如，腔骨龙（*Coelophysis*）就是个体比较小的食肉恐龙。在美国新墨西哥州曾经发现了十几具腔骨龙骨架。令人奇怪的是，有些幼年个体的腔骨龙骨架是在成年个体的大腔骨龙骨架的体腔内发现的。于是就引起了人们的许多猜测，有人认为腔骨龙和现代鳄鱼一样，有吃自己幼崽的习性。这个猜测一提出就立即遭到反对，反对派认为，腔骨龙的生殖方式很可能和现代的一些蛇一样，属于卵胎生。2006年，古生物学家重新对腔骨龙体内小骨头进行了研究，发现这些小骨头不是腔骨龙的！而是一种叫作黄昏鳄的鳄类骨头，于是排除了腔骨龙"食子"或者"卵胎生"的假说。

腔骨龙（在这具腔骨龙骨架的肋骨下可见到纤细骨骼化石）——引自 *The Natural History Museum Book of DINOSAURS* by T.Gardom,1993

板龙（*Palteosaurus*）属于最原始的恐龙之一，现在归入蜥脚型类恐龙中比较原始的类型，在以前的分类中叫作原蜥脚类，现在的科学类群叫作"基干蜥脚型类恐龙"。板龙化石最早发现于德国，后来在法国和瑞士都有发现。板龙长着小小的脑袋，牙齿和树叶的形状差不多，以植物为食。板龙的脖子比较

板龙复原图——引自 *New Look at the Dinosaurs* By A.Charig,1979

长，但是可能不太灵活。在脖子的顶端长着一个三角形的小脑袋，和整个身体比起来很不协调。由于头骨小，上面的颞颥孔也很小，附着不了什么肌肉，由此可以推测它的咀嚼能力较差。而且同时，板龙的牙齿也很小，所以基本可以认定，板龙在吃东西的时候，大多是囫囵吞下去，再利用胃中的石头消化食物。以前有人认为板龙类是两足行走的，可是从骨骼结构来看，板龙应该是四足行走的，它前肢很大，其长度是后肢长度的三分之二。这个比例和梁龙的比例是一样的，所以现在认为板龙多数时间是四足行走。板龙前足上有一个特别大的爪子，估计行走的时候这个大爪子是离开地面的。

从晚三叠世开始，南方大陆和北方大陆之间的特提斯海（古地中海）越来越宽，沿特提斯海周围气候温暖潮湿，植物十分茂盛，因此，特提斯海周围聚

磁峰彭县足迹化石

集着许多恐龙。在环绕特提斯海周围的晚三叠世和早侏罗世的地层中，多地包括北美洲、非洲、欧洲、亚洲和南美洲，都发现了许多原蜥脚类和小型肉食性恐龙，还有一些原始鸟臀目恐龙。这个时期，世界各地的恐龙种类都一样，说明当时各个大陆还是相连的，没有地理隔离，可以进行生殖交流。科学家们把这些围绕特提斯海生活的恐龙叫作环特提斯海恐龙动物群。这个动物群的出现形成了恐龙的第一个繁盛期。中国还没有发现确切的三叠纪晚期的恐龙化石，只是在四川省彭州（原为彭县）磁峰镇蟠龙桥的晚三叠世地层中发现了恐龙足迹化石，命名为磁峰彭县足迹（*Pemngxianpus cifengensis*）。经研究，这很可能是一种3米多长的食肉的兽脚类恐龙所留。

# 侏罗纪时期的恐龙明星

侏罗纪从2.01亿年前开始，到1.45亿年前结束，历时5600万年，分成三个世：早侏罗世，中侏罗世和晚侏罗世。

在侏罗纪期间各个大陆分崩离析。在早侏罗世，地球上出现了一些干旱地区。这时裸子植物很繁盛，尤其是各种苏铁植物种类和数量都很多，甚至有些科学家把侏罗纪早中期称为"苏铁时代"。早侏罗世的恐龙动物群是延续晚三叠世的繁盛，仍然属于环特提斯海恐龙动物群。在这个时期陆地上的最大的动物都是恐龙。我国也开始出现了恐龙！中国年代最早的恐龙出现在云南，在我国云南许多地方都发现了环特提斯海恐龙动物群的成员，组成禄丰蜥龙动物群。

在禄丰蜥龙动物群中，最著名的就是禄丰龙（*Lufengosaurus*）。禄丰龙是我国最古老的恐龙，其形态和板龙差不多，也属于"基干蜥脚型类恐龙"。1938年，禄丰龙日中国恐龙研究的奠基人杨钟健教授在云南发现。禄丰龙有6米多长，2米多高，它的脖子很长，脖子上的脊椎骨构造简单，说明它的脖子活动起来并不灵活。它长着一个三角形的头，与整个身躯比起来，头显得很小。头骨构造也很简单，头上的孔都很小，说明没有强壮的肌肉附着其上。嘴巴长，牙齿细小，牙齿的样子很像周围有锯齿的小树叶，这便于它们吞食植物，所以它的食物以植物为主，有时也可能吃些小昆虫，这样的动物我们叫作杂食动物。它们的身体不大，

禄丰龙动物群

禄丰龙

双崤龙化石（引自《中国
恐龙》张和，2001书）

前肢较短，脚上有五趾，趾端有粗大的爪。可以想象禄丰龙在活着的时候，漫步在湖泊、沼泽的岸边，有时两条腿行走，有时用四条腿走路。禄丰龙是第一条由中国科学家自己发掘、自己研究的恐龙；禄丰龙还是中国发现的最古老的恐龙，可以说禄丰龙成为中国恐龙世界的明星。

在禄丰龙动物群中最凶猛的肉食性恐龙叫作双嵴龙（*Dilophosaurus*），它的体长达4米，是早侏罗世最大的吃肉恐龙。它的身躯粗壮有力，嘴很大，嘴中的牙齿像匕首一样，两侧还有许多小锯齿。可是，从化石发现的情况来看，它很可能并不主动捕捉其他动物，而是专门靠吃其他恐龙的尸体为生。在我国云南晋宁发现的双嵴龙化石正咬着另外一条恐龙的尾巴，被咬的恐龙叫作云南龙，是和禄丰龙差不多的原蜥脚类恐龙。云南龙虽然被咬着，但是形态却很安详，没有一点搏斗状态的痕迹。因此，科学家推测，双嵴龙咬云南龙的时候，云南龙已经死亡了。是云南龙早就死亡了呢？还是双嵴龙先把它咬死后再慢慢享用呢？从化石上很难做出判断。不过，可以断定的是，正在双嵴龙享受美味佳肴的时候，灾难却即将降临到了它的身上。

在早侏罗世，我国云南地区是一个地肥水美的地方，除了上面提到的禄丰龙、双嵴龙和云南龙以外，还有与腔骨龙十分相似的芦沟龙、和鹅一样大小的大地龙等小型恐龙，以及最早的蜥脚类恐龙昆明龙。昆明龙在环特提斯海恐龙动物群中算得上是庞然大物了，它已经显示出了蜥脚类恐龙风采：四足行走，有长长的脖子和长长的尾巴，身长11米多，根据牙齿特征来看，昆明龙以食用植物为主，有时也吃一些小动物。

进入中侏罗世以后，地球上出现了大面积的干旱沙漠，主要集中北半球。恐龙的数量急剧减少，没有了早侏罗世的繁荣景象。这时，联合古陆开始从中间分成南、北半球，只剩下地中海西部的一小块区域相连。整个北方大陆一直维持着干旱的气候。因此，这个时期的恐龙化石发现得很少。

然而，1972年在我国四川自贡发现了大面积的中侏罗世的恐龙化石，引起了全世界学术界的震惊。自贡市郊区发现了大面积的、很集中的完整恐龙骨架，包括大型蜥脚类恐龙——蜀龙。蜀龙是早侏罗世的禄丰龙和晚侏罗世的马门溪龙的中间过度类型。

蜀龙（*Shunosaurus*）在恐龙王国中是中等大小的恐龙，属于蜥脚类，头可以高高昂起，牙齿呈勺状，牙齿边缘，没有锯齿；蜀龙的脖子比起其他蜥脚类恐龙来说是比较短的，它们尾巴末梢的4节尾椎突然膨大并愈合形成一个椭圆的球，被称作尾锤，估计是用来进攻袭击它的敌人的。因为这种恐龙最早发现

李氏蜀龙

于四川，故名蜀龙。蜀龙是中侏罗世的恐龙，这个时期世界上其他地区的恐龙很少。在所有从自贡出土的恐龙中，蜀龙的数量是最多的，有好几十条，包括成年个体和幼年个体。成年个体一般长12米，幼年个体长4米，这些蜀龙构成了自贡恐龙动物群的主体，所以四川自贡出土的这批中侏罗世恐龙群被称为蜀龙动物群。

蜀龙动物群包括最原始的剑龙——华阳龙（*Huayangosaurus*）。华阳龙属于中小型剑龙类，成年个体可达5米长，背部从头到尾生有两排剑板（太白华阳龙装架骨架有15对剑板），在尾部还有两对尾刺！另外，华阳龙还有一对较大的肩刺（副肩棘）长在肩胛骨之上（图片中的太白华阳龙装架骨架未安装），作为防御的武器。另外，华阳龙的前肢和后肢的长度差不多等长，与进步的剑龙类后腿明显长于前腿的特性比起来显得很原始。华阳龙生活在1.7亿年前的中侏罗世，属于时代最早的剑龙类。

太白华阳龙

建设气龙复原图

气龙（*Gasosaurus*）是蜀龙动物群中的食肉恐龙，它的个体较小，成年个体身长4米，属于巨齿龙类，是中侏罗世时期凶猛的捕猎者。气龙化石发现于自贡大山铺，这里现在是恐龙博物馆所在地。气龙有一个种，叫作建设气龙，是为了纪念当时正在建设气矿而命名的恐龙。由于化石是爆破时被发现的，所以化石并不完整。

建设气龙骨架

　　峨眉龙（*Omeisaurus*）是马门溪龙家族的成员，和马门溪龙一样，它们也有长长的脖子，身长能达到16米至20米，这在蜥脚类恐龙家族中只能算是中等个头。和其他蜥脚类恐龙一样，峨眉龙的脑袋也很小。可是脑袋上长着一个比较发达的鼻子，鼻孔向前，而不是像有些蜥脚类恐龙那样长在头顶。峨眉龙属目前已经包括7个种，最早是杨钟健1936年在四川荣县发现，1939年命名的荣县峨眉龙。最完整、最大的峨眉龙就是1979年发现，1984年命名的天府峨眉龙。

　　由于化石集中，交通又很便利，更是为了更好地保护好这难得的中侏罗世的恐龙化石，中国在原地建立了一个恐龙博物馆。除了许多已经发

天府峨眉龙骨架

自贡恐龙博物馆外景

自贡恐龙博物馆内景

掘出来的完整骨架被装架起来以外，还有大量的恐龙骨架以原始埋藏的状态展示给观众。自贡地区也是全世界唯一的大规模出土中侏罗世恐龙化石的地方。随着恐龙博物馆的建立，我国自贡地区也成为世界级的中侏罗世恐龙的研究中心。

尽管自贡地区大量的中侏罗世恐龙化石的发现，但在全世界范围内，中侏罗世的恐龙仍然是一个空白。实际上，除了中国以外，世界其他地区，有关早侏罗世的恐龙化石的报道很少。侏罗纪早期和中期的恐龙基本集中在中国，而到了晚三叠世，恐龙在中国的痕迹就很少了。可以说中国恐龙是从侏罗纪开始兴起的。

进入晚侏罗世，联合古陆从地中海彻底分开了，海水沿着裂缝全面侵入，许多陆地上的干旱气候得到了缓解，温暖潮湿的气候和茂密的植被，为恐龙提供了丰富的食物。另外，温暖的气候也特别适合恐龙的生存。于是，全世界范围内的恐龙又繁盛了起来，全世界晚侏罗世的恐龙化石发现得特别多。晚侏

自贡恐龙博物馆内景（原始埋藏状态的恐龙化石）

罗世是恐龙的黄金时代，在亚洲，北美洲，非洲以及世界其他地区生活着许多巨型的蜥脚类恐龙，比如，超龙、雷龙、马门溪龙、梁龙等，还有大型的剑龙类，比如剑龙属、沱江龙；食肉的兽脚类恐龙，有永川龙、异特龙、巨齿龙，还有最小的恐龙——美颌龙。

　　梁龙（*Diplodocus*）是一个恐龙属，包含有很多种。其中最著名的梁龙就是卡内基梁龙（*Diplodocus carnegiei*），全世界很多博物馆都有卡内基梁龙的骨架模型。卡内基梁龙身长可达28米，曾经在很长一段时间里都是世界上最长的恐龙，直到最近才"退居二线"。梁龙生活在1.4亿年前的晚侏罗世，最大的特点就是有一个任何其他恐龙都无法比拟的长尾巴，它的尾巴末梢像鞭子一样，又

梁龙骨架——图片来自网络

细又长，要是谁被这条尾巴抽上一下，一定会疼痛难忍。梁龙的鼻子长在头顶上，位置比眼睛还要高。因此有人认为这可能和它们在水中生活有关系，但是后来在侏罗纪晚期的地层上面也发现了梁龙的足迹，证明了梁龙还是能在陆地上行走，它们坚强的四腿能够支撑身体体重。曾经有科学家利用专门测量恐龙体重的方法，测量出了梁龙的体重才有10吨多一点，相比其他的大型蜥脚类恐龙来说梁龙算得上苗条了。

马门溪龙是中国最著名的恐龙，也是蜥脚类恐龙家族的成员，生活在一亿四千万年前的晚侏罗世。曾经是中国出土的最完整、最长的恐龙。目前，已经发现了8个种类的马门溪龙，其中最早发现的马门溪龙叫作建设马门溪龙；最著名的马门溪龙叫作合川马门溪龙；最小马门溪龙叫作安岳马门溪龙；还有前面提到的、目前并列第二长的中加马门溪龙。

马门溪龙最大的特点是它的脖子特别长，是世界上脖子最长的动物。马门溪龙的脖子里面有19枚脊椎骨，而背部的脊椎只有12枚。就拿最完整的合川马门溪龙来说，这种恐龙全长22米，其中脖子的长度就超过十米。许多人很"担心"马门溪龙的吃饭问题，有人开玩笑地说：马门溪龙早晨吃的饭要经过"长途旅行"才能到达胃里面，到胃里的时候大概已经是中午了。这当然太夸张了，但是为了填饱肚子，马门溪龙确实要不断地吃，才能维持巨大身躯的能量需求。科学家推测，和其他蜥脚类恐龙一样，可以说马门溪龙的脖子也有消化功能。可以说马门溪龙以脖子最长而成为恐龙世界中的明星。

合川马门溪龙骨架（全长22米）——引自杨钟键和赵喜进，1972

腕龙（*Brachiosaurus*）是著名的大型蜥脚类恐龙。从腕龙的名字我们就能知道它的前肢很长，比后肢长很多。再加上长长的脖子，腕龙的头可以抬到离地面16米的高度，从而成为最高的恐龙之一。由于前肢长，后肢短，腕龙站着的时候后背是个斜坡，看起来就像现在的长颈鹿的体型。可是腕龙比长颈鹿可高很多，是现在长颈鹿高度的2.5倍！估计它们经常生活在沼泽与河湖地带，以生长在岸边和水中的食物为生。当它们受到大型肉食恐龙攻击时，还可以逃到水中，只把头露出水面。因为鼻孔长在头顶上，不妨碍它们呼吸。腕龙有26米长，体重20—30吨。前肢比后肢长的体型，在恐龙世界中可不多见。腕龙生活在侏罗纪晚期，距今大约一亿四千万年。

永川龙（*Yangchuanosaurus*）是中国发现的最完整的食肉恐龙之一，属于兽脚类，身长8—10米，比著名的霸王龙小一些，但它是生活在侏罗纪晚期霸主，比白垩纪晚期的霸王龙早了八千多万年的时间。永川龙生活在一亿五千万年前的晚侏罗世早期，和其他兽脚类恐龙一样，永川龙两足行走，脚上有三个脚趾着地。

腕龙复原图

和平永川龙骨架

头长80-111厘米，口中有匕首状牙齿，前肢和后肢上都有锐利的爪子。永川龙身体矫健，奔跑速度很快。当时生活的剑龙、马门溪龙等以植物为食的恐龙都是它们的美味佳肴。永川龙属含有三个种：上游永川龙、巨型永川龙和和平永川龙。

异特龙复原图

异特龙（*Allosaurus*）是永川龙在美国的堂兄弟，身体比永川龙大，长达11米，体重约2吨。身体结构与永川龙相似，有些科学家甚至认为永川龙和异特龙属于同一个种类。当时生活在晚侏罗世的大地上还有许多异特龙类的亲属，它们的尾巴大多又粗又长，估计是用来保持身体平衡的。许多三趾型的肉食性恐龙的脚印化石中，基本没有见到过尾巴的拖痕。因此可以推断，异特龙类在奔跑时，尾巴总是平伸着，起平衡作用。异特龙类在晚侏罗世成为优势种类，在美国犹他州一个化石坑里面，发现了至少44具异特龙骨架，说明当时异特龙的数量很多。

剑龙（*Stegosaurus*）的样子十分奇特，在它们的背部有很多三角形剑板，排成两排，有的交错排列，有的一对一排列。奇特的剑龙给我们留下了三大谜题！第一个就是剑板是哪里来的？相当于我们人类的什么器官？大家知道，所有陆生脊椎动物起源于一个共同祖先，从水里生活逐渐演化到上陆地生活，在陆地上演化发展，身上的各个器官和结构也随着进化程度有的加强、有的削弱。但是无论如何，我们都能在我们身体上找到相应的构造。比如，鸟类的翅膀相当于我们的胳臂和双手，鱼的两对偶鳍进化为陆生脊椎动物的四肢；我们耳朵里面的听小骨，在爬行动物阶段还是上颌和下颌关节处的骨头等等。可是，始终无法找到剑龙的剑板相当于我们身上的什么结构。从发现的化石来看，剑板并不与骨架相连接。科学家通过对现在爬行动物的鳞的研究发现了一些端倪。比如，现生的蜥蜴表面是鳞。鳞是表皮组织，是表皮经过角质化后形成的，在角质鳞下面还有一层真皮层的骨质结构——真皮骨，是在真皮内骨化形成的（注意和表皮的角质化是不同的）。现在龟鳖类最外层也是表皮角质化形成外壳，外壳下紧紧贴着的就是由真皮骨形成骨板。科学家推测剑龙的剑板就是这层真皮骨特化形成的。估计剑龙生活的时候，剑板外面也有一层表皮角质层。只是角质层不易形成化石，所以我们只见到真皮骨形成的剑板的化石。我们人类的真皮层中没有真皮骨，所以，我们不太熟悉剑板的来源。

剑龙的第二个谜题就是它们的功能？科学家做了许多推测：一开始，推测这些剑板是用来防御肉食性恐龙侵害的武器，当肉食性恐龙进攻时，它就缩起身子，把剑板竖起，使得肉食性恐龙下不了口，从而达到保护自己的目的。但后来科学家在剑板上发现了许多血管的痕迹。这样，剑板就不宜用来做防御的武器，因为防御时剑板一旦被食肉恐龙的利爪弄破，剑龙必将血流如注，并因流血过多而造成生命危

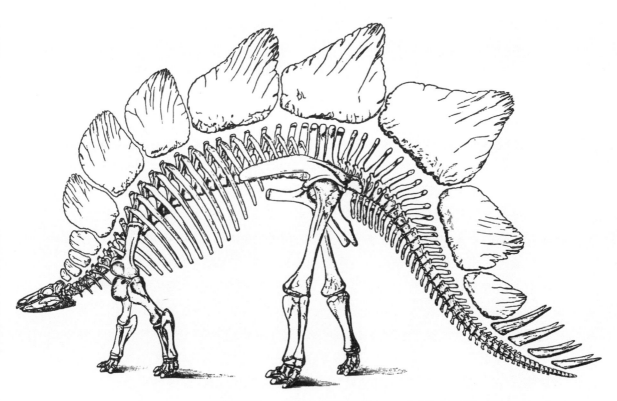

剑龙线描图——引自 Lucas,1997,Dinosaur the Textbook,Wm.C.Brown Publisher

20cm

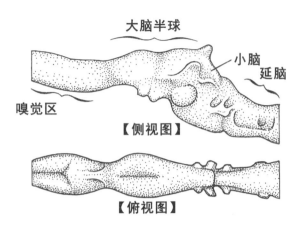

大脑半球

小脑
延脑

嗅觉区

【侧视图】

【俯视图】

剑龙的剑板——引自Lucas,1997,Dinosaur the Textbook, Wm.C.Brown Publishe r

剑龙的大脑——引自Lucas,1997,Dinosaur the Textbook,Wm. C.Brown Publisher

险。所以科学家又推测：这些剑板可能是用来调节体温的（前文已详述）。剑龙尾端的剑板变形成刺状，叫作尾刺，的确有防御的功能。但是，有些剑龙类恐龙的剑板的形状不是板状，而是刺状！比如，华阳龙的剑板就都是刺状的。但是，由于华阳龙生活在中侏罗世的，是世界上最早出现的剑龙类，还处于原始状态。所以科学家推测剑龙类一开始背上的棘刺确实是起到了防御作用，但是后来随着剑龙的进化，剑板逐渐变宽，演变成了散热板，而尾部的尖棘状尾刺仍然还是防御的武器。

　　剑龙留给我们的第三个谜题就是它的大脑。有一种很流行的说法，说是剑龙的大脑很小，只有核桃那么大，所以在它的臀部有一个膨大的神经节，作为第二个大脑，负责指挥后半身的运动！但是这是一种说法，还需要验证！美国新墨西哥州自然博物馆的科研人员就用技术手段验证了剑龙大脑的大小。他们将剑龙的脑腔化石中的围岩清理干净，然后用橡胶制作了一个大脑脑腔的内核模型。通过对内核模型的研究，科研人员发现：剑龙大脑半球没有什么沟回，大脑前部的嗅觉球特别大（超乎寻常），大脑和小脑特别小，而后面的延脑很长。剑龙的颅腔大小相当于56毫升水所占的体积。如果把现生的蜥蜴放大到剑龙那么大，它的颅腔体积约为110毫升；现在成年的家猫（个体比剑龙小很多）的脑容量是30毫升；可见，剑龙的智商是很低的，不如现在的蜥蜴。一个核桃的平均体积只有15到20毫升！也就是说剑龙的脑容量虽然很小，但是也不像人们说的只有核桃那么小，差不多相当于3个核桃的大小。所以，剑龙比人们想象的要聪明一些。实际上，根据化石记载，剑龙在中生代很成功，它们繁衍了一亿年的时间才退出历史舞台。关于剑龙臀部有第二个大脑的猜想，科学家也进行了验证。它们确实在剑龙臀部发现了很大的脊髓腔，相当于剑龙脑子的20倍（1000毫升）。但是现生动物还没有发现两个大脑的，所以很难判断剑龙是否真的两个大脑。更好的解释是这个膨大的脊髓腔是用来储存脂肪和糖的地方。

沱江龙是剑龙一个属的，是剑龙类在中国的代表。沱江龙是剑板数目最多的剑龙类恐龙，所以它的属型种叫作多背棘沱江龙。化石发现在四川省自贡地区，附近有四川四条大河之一的沱江，沱江龙因此得名。剑龙生活在一亿四千万年前的侏罗纪晚期，很早就退出了历史舞台，晚白垩世时就消失得无影无踪，所以在白垩纪末期那场大灾难到来前很早以前就消失了，因此白垩纪末期的大灾难与剑龙无关。

沱江龙化石骨架

角鼻龙斗鳄鱼

角鼻龙（*Ceratosaurus*）是很早就发现和命名的恐龙，最早的化石是1884年在美国著名的"化石争夺战"中的发现并研究的。角鼻龙属于中型食肉恐龙，生活在侏罗纪晚期。和其他食肉恐龙一样，角鼻龙的头比较大，身体粗壮，两足行走，前肢短小，口中也是长满了尖锐、弯曲的牙齿。角鼻龙和其他食肉恐龙明显的区别就是鼻骨上长了一个角！按说，角是食植物恐龙的一种防御武器，所以很多以植物为食的爬行动物和哺乳动物头上都长有角用作防御。可是食肉恐龙头上长角就很奇怪了！如果我们关注一下其他食肉恐龙，甚至食肉哺乳动物，可以发现身上都不会长角的！角鼻龙头上的角要防御谁呢？所以，科学家推测，角鼻龙头上的这个角不是防御的武器，同时这个角又如此精细，应该是一种展示器官：这种角可能是一种性别特征，是雄性恐龙用来威慑竞争者的！还有人说这个角是小恐龙孵化后用来顶破蛋壳出壳用的！我本人不太同意后一种推论。是雄性用来展示用的推论比较合理。但是，这又带来一个问题：雄性有角，雌性没有角，那么如果发现了雌性角鼻龙的化石，会不会早就命名成其他的恐龙了呢？

从化石中科学家发现角鼻龙的眼眶比较大，估计它当时会有很好的视觉，和其他食肉恐龙还有一个区别，就是角鼻龙的前足上有四个趾！这可是一个很原始的特征。那些进步的食肉恐龙大都只剩三个趾，到了霸王龙阶段，就剩两个了！角鼻龙的尾巴特别长，占身体全长的一半！一般情况下，长尾巴恐龙都是蜥脚类的，而角鼻龙的尾巴也很长，到底有什么作用呢？给角鼻龙命名"化石争夺战"的马什认为角鼻龙游泳能力很强，这条长尾巴在游泳时起到了舵的作用。总之，角鼻龙作为头上长角的食肉恐龙而成为侏罗纪时期的恐龙明星。中国新疆地区发现过角鼻龙类的成员，叫作难逃泥潭龙。通过对难逃泥潭龙的研究，科学家弄清楚了兽脚类恐龙前足手指的演化方式。

侏罗纪期间，恐龙有两个繁盛期，一个是早期的原始种类，主要以原蜥脚类恐龙为主，其他门类的恐龙只处在发展初期；第二个繁盛期是晚侏罗世，蜥脚类恐龙发展到了顶点，许多世界上最大的恐龙都是这个时期的蜥脚类恐龙；剑龙类也在晚侏罗世达到顶峰；而以肉为食的兽脚类则只发展到中型大小。鸟脚类恐龙在晚侏罗世没有太大的起色。

# 白垩纪时期的恐龙明星

白垩纪从1.45亿年开始，到6600万年结束，历时7900万年，分成两个世，即早白垩世和晚白垩世。

白垩纪期间全球的大陆继续分裂，特别南半球的大陆分裂得更多，包括非洲、南美洲、澳大利亚、南极洲，以及印度次大陆等，此时大西洋开始形成。大陆块的分割和现在差不多，只是喜马拉雅山还没有崛起。喜马拉雅山的崛起是由于后来从南半球的大陆分裂出来的印度次大陆从南向北在喜马拉雅山地区撞击了欧亚大陆，把欧亚大陆的南边缘向上拱起来，形成世界屋脊。但是这个过程是发生在恐龙灭绝以后，在白垩纪期间喜马拉雅山地区还是一片汪洋大海，仍然叫作特提斯海。

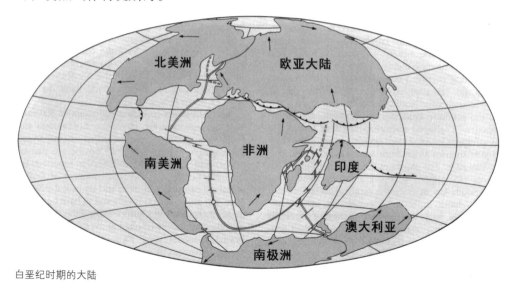

白垩纪时期的大陆

白垩纪期间，各个大陆上温暖潮湿。植物仍然十分茂盛，被子植物悄然兴起，又为恐龙增加了新的食物。在早白垩世继续晚侏罗世的繁荣，恐龙动物群的面貌和晚侏罗世也差不太多，只是侏罗纪曾经十分庞大的蜥脚类恐龙的个体开始变小。剑龙的数量开始减少，并于早白垩世的最后阶段走向死亡。鸟脚类恐龙开始发展，鸟脚类恐龙的命名也是因为它们的脚和鸟的脚比较相似，也常常是三个脚趾着地。在足迹上经常形成和食肉恐龙类似的足迹。但是，一般情况下，鸟脚类的足迹的脚趾比较宽，而且两个外侧趾之间的夹角也很大。研究人员以此来大致区别一下鸟脚类和兽脚恐龙的足迹。不过，也经常有"特殊"的情况出现。

白垩纪最著名的恐龙当然是霸王龙（*Tyrannosaurus*）了！每当提起恐龙，人们首先想到的名字就是霸王龙。霸王龙是一个属，里面有很多种，最著名的就是雷克斯霸王龙（*Tyrannosaurus rex*）了。霸王龙生活在7200万年前到6600万年前的白垩纪最晚期。霸王龙是最大的食肉恐龙，分类上属于蜥臀目兽脚类恐龙中的虚骨龙类，它身长14米，站起来有6米多高，霸王龙的头骨很大，长1.5米左右，颈部短，肌肉发达，身体如桶状，后肢强劲有力，3个着地的脚趾上都长有锋利的爪子，口中长着香蕉状牙齿，边缘还着生出许多小锯齿，最长的牙齿有16厘米长！霸王龙牙齿和其他爬行动物一样，新牙在旧牙的缝隙中或者里外侧长出来，并且随时都在长，旧牙也不掉，所以看起来霸王龙的牙齿参差不齐。霸王龙的嘴可以张得很大，下颌骨前端从中间断开，估计霸王龙不但能够上下张开血盆大口，而且还可以左右张开，这样它可以吞食更多的食物。从霸王龙的颅内核模型中，发现它的嗅觉区域很长，于是科学家推测霸王龙具有很灵敏的嗅觉，而且从霸王龙的眼眶角度来看，霸王龙应该具有立体视觉；霸王龙的耳朵的结构和现代鳄鱼一样，听觉灵敏，科学家推测霸王龙能够靠耳朵辨别同类。曾经因为霸王龙粗壮的身体和弱小的前肢，科学家推断霸王龙可能是行动迟缓、笨拙的食腐动物。但是，根据上述发达的视觉、听觉和嗅觉来分析，霸王龙应该是行动敏捷的猎手，而且能以四十多千米的时速奔跑、追逐。霸王龙同种之间可能会有一些争斗：最完整的雷克斯霸王龙的标本于1990年在美国南达科他州被发现，研究人员给它起名叫"苏"。在苏的化石上，科学家发现了几处痊愈了的被同种的雷克斯霸王龙攻击的伤口痕迹。

　　我们还常常听到或者看到"暴龙"的名字。实际上，暴龙就是霸王龙！"暴龙"和"霸王龙"都是从拉丁文"*Tyrannosaurus*"翻译过来的。*Tyrannosaurus*来源于希腊语，其中"*Tyranno*"是"统治者"的意思，"*saurus*"还是"蜥蜴"的意思。中国科学家将其翻译成"龙"。*Tyrannosaurus*直译意为："有统治能力的蜥蜴"！在翻译过程中，有人把"*Tyranno*"翻译成"霸王"，也有人翻译成"暴君"，于是就有了"霸王龙"和"暴龙"的不同称呼。霸王龙化石最早是美国一位恐龙化石采集人巴纳姆·布朗于1902年在美国蒙大拿州发现的，1905年由当时的美国纽约自然博物馆馆长、古生物学家奥斯本（H. F. Osborn）命名。当时，奥斯本命名了霸王龙属（*Tyrannosaurus*）和霸王龙科（Tyrannosauridae）。在以后的发现和研究中，与霸王龙类似、又有少许差别的恐龙又发现了很多，都归入了霸王龙科（Tyrannosauridae），后来又建立了霸王龙超科（Tyrannosauroidae）。目前，中国古生物界习惯于把Tyrannosauridae和Tyrannosauroidae翻译成"暴龙

霸王龙雕像

霸王龙前肢——照片来自网络

科"和"暴龙超科"。我们常说的暴龙类也是指包括霸王龙及其亲属在内的一个大家族,而霸王龙专指霸王龙属(*Tyrannosaurus*)。除了美国发现了很多霸王龙的化石,我国河南也有发现,并被命名为"栾川霸王龙"(*Tyrannosaurus luanchuanensis*),另外还在山东发现了诸城暴龙(*Zhuchengtyrannus*),辽宁发现了中国暴龙(*Sinotyrannus*)等,虽然都没有翻译成霸王龙,但它们都属于暴龙类。除此之外,在中国发现的五彩冠龙、奇异帝龙、华丽羽王龙等都是暴龙家族的成员。

霸王龙有粗壮的后肢和坚硬的尾巴,但前肢很小。以前传说的是霸王龙的前肢很弱小,好像什么也干不了! 1989年和1990年在美国蒙大拿州发现了完整的霸王龙前肢,长90厘米,经过计算,这样的前肢可以举起200千克的重物! 看来,这个前肢一点儿也不弱小!

霸王龙身上还有一个谜,科学家一直在争论不休:那就是,霸王龙前肢的这两个趾相当于我们人类的哪两个手指呢?

陆生脊椎动物起源于一个共同祖先,身体结构都差不多,共同的特点就是四肢五趾(指),意思就是说"4条腿,每只脚上5个脚趾"(只有个别鱼龙,在四肢当中出现了"额外趾(指)")。在进化过程中,随着不同的生态环境和生活方式,不同动物的脚趾发生了不同的变化。比如,鸟类的后脚就剩3个脚趾着地,前肢变成了翅膀;牛、猪、羊虽然还可见到4个脚趾,但是只有两个脚趾着地;马就剩1个脚趾了!霸王龙的前足也只剩两个了!我们人类的大脑发达,但是身体结构还比较原始的，我们的双手和双脚都还保留着原始的5个趾（指）。

那么，霸王龙的手指是怎么退化的呢？

很多原始爬行动物的脚都有一个趋势，就是一趾（指）到四趾（指）越来越长、五趾（指）变短；在恐龙类群中，很多种类都是从外侧趾（指）开始退化的。其实看看我们的手指和脚趾，也能得到一些信息，俗话说，五个手指伸出来都不一样长！哪一个手指和脚趾最弱小呢？对！小指和小趾最弱小。这就说明，如果我们的手指和脚趾退化的话，就从小指和小趾开始！不过，大家别紧张，我们的小指（趾）这辈子掉不了！实际上，很多陆生脊椎动物脚趾的退化都是从最外侧那个开始的。在一些恐龙类群中，五指干脆就消失了。有科学家推测，五指消失了，那么下一个就是四指消失，然后是三指，所以霸王龙的小手就剩下一指和二指了！相当于我们人类的大拇指和食指！一直到现在，很多科学家还是这样认为的！很多恐龙的教科书，以及一些恐龙网站，也都说是霸王龙的前足上的两个趾就相当于我们人类的拇指和食指。然而，中国著名恐龙学者徐星在中国发现了霸王龙的有四个手指的祖先和有三个手指的祖先，清清楚楚地看到了，兽脚龙类恐龙手指的退化过程！

兽脚类恐龙和蜥脚型类恐龙分道扬镳之后，又经历了腔骨龙类——角鼻龙类——异特龙类——虚骨龙类的进化历程，霸王龙就属于虚骨龙类。2009年，科学家在新疆发掘了难逃泥潭龙（*Limusaurus inextricabilis*）的骨架（如图）。难逃泥潭龙比较原始，生活在1.6亿年前的晚侏罗世早期。它个体较小，只有1.7米长。它的前足还保留有四个趾！（图）确实，和科学家们推测的一样，第五指消失了。这一点符合以前人对兽脚类恐龙脚趾退化顺序的猜测。但是，难逃泥潭龙前足剩下的四个趾中，第二趾和第三趾（相当于我们人类的食指和中指）很强壮，而第一趾最弱小，其次是第四趾！这就说明，兽脚类恐龙第五趾消失以后，下一个退化的并不像以前科学家推测的那样是第四趾！而是第一趾，相当于

腔骨龙类　　　　角鼻龙类　　　　异特龙类　　　　虚骨龙类　　　　霸王龙

兽脚类前足手指演化图

难逃泥潭龙标本——引自徐星发在《自然》杂志的文章：Xu et al.,2009,Nature.Vol.459

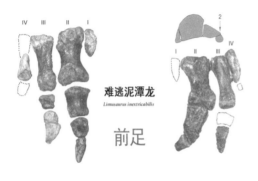

难逃泥潭龙前足——引自徐星发在《自然》杂志的
文章：Xu et al.,2009,Nature.Vol.459

我们人类的大拇指！这一发现非同小可！颠覆了长期以来，科学界认为的兽脚类恐龙前足的退化模式！兽脚类恐龙前足手指的退化顺序应该是：先是最外侧指——第五趾；然后指内侧指——第一趾（大拇指），然后才是第四趾！原来兽脚类恐龙手指的退化是从两边开始的！这样看来，霸王龙的两个手指就不可能是拇指和食指了！

因为在第四趾退化之前，大趾率先消失；第四趾退化后，剩下的两个趾就是第二趾和第三趾了！也就相当于我们人类的食指和中指！这两个手指现在大家最愿意用了！每当高兴的时候，我们就伸出这两个手指做出胜利的手势——"耶！"大家可以设想一下，霸王龙在6800万年前就会"耶！"了！

还有一项研究也能证明霸王龙所剩的两个趾相当于我们人类的食指和中指：现在很多科学家都支持鸟类是从恐龙演化而来的，甚至鸟类就是恐龙的理论。在自然界，除了地层中由简单到复杂的化石以外，还有一个现象也能够证明生物的进化：那就是个体发育重复系统发生。个体发育的意思就是一个动物从受精卵经过胚胎发育过程，到最后出生，长成动物的形象。而系统发生指的就是从远古时期开始某类动物的进化过程。比如我们人类在进化中经历了从鱼到人、从猿到人的进化历程，而我们个体的人都是从受精卵开始在母体内成长的：先是一个受精卵细胞一分为二，然后二分为四，经过囊胚期、原肠期……最后在出生的时候，长成人形。在这个过程中，我们的胚胎先和鱼差不多、后来又像爬行动物的胚胎、然后像猿的胚胎……直到最后阶段才不像别的动物，而长成人的形状出生。实际上，在我们的胚胎阶段，我们在母体内重复了一次我们人类的进化过程！大家看下面这张图分别简单地展示了八种动物（包括人类）胚胎发育过程中的三个阶段。大家看最上面的第一个阶段，我们人类的胚胎和兔、牛、猪、鸡，甚至鱼的胚胎都很相似。这就说明早期阶段，我们这8种动物都经历了相同的演化历史，到了第二个阶段才分道扬镳，可是在第二个阶段，四种哺乳动物的形态还差不多。这就说明整个哺乳动物在鱼类阶段、两栖动物阶段和爬行动物阶段我们还没分开。这张图是八种动物的个体胚胎发育

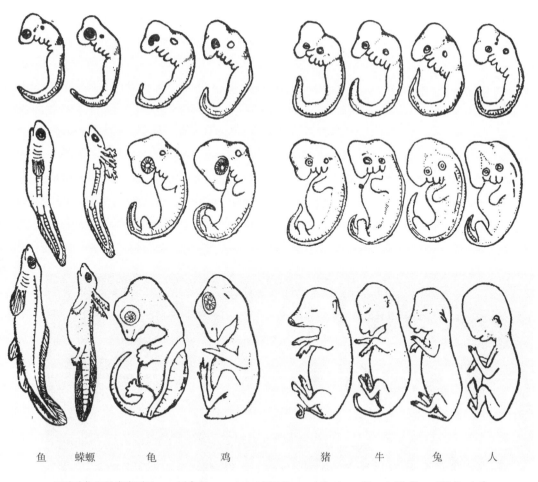

　鱼　蝾螈　龟　鸡　　　猪　牛　兔　人

几种动物胚胎发育对比——引自Storer et al.,1965,General Zoology,4th ed.,McGraw-Hill Book Company

过程，分别重复了这八种动物的进化历程。我们知道，鸟类是从兽脚类恐龙进化来的。所以，在展翅飞翔之前，鸟类是和兽脚类恐龙一样的进化。鸟类在胚胎发育过程中，就重复了自己的进化历程。当然也包括恐龙那段的演化过程，也包括食肉恐龙手指的退化过程。在鸟类胚胎发育过程中，科学家们观察到，一开始是五趾，后来变成了三趾，三趾后来演化成了翅膀。而鸟类从五趾演化到三趾的时候，就是第五趾先消失，然后是第一趾！演变成翅膀的三个手指是第二、三、四趾！有些学者不承认鸟类是从恐龙演化而来的，就以这个胚胎证据为理由，指出恐龙趾的退化顺序和鸟类的不一样！所以，鸟类不是恐龙起源的。现在我们的科学家还是以鸟的胚胎发育过程为证据证明鸟类就是恐龙起源的！以前认为的霸王龙和其他食肉恐龙前足趾的退化顺序是错误的！现在改正了过来，鸟类前足趾的退化顺序和食肉恐龙是一样的！让我们再一次用霸王龙的趾来庆祝这一伟大的发现！

在内蒙古的巴彦淖尔的晚白垩世地层中还发现了只有一个趾的兽脚类恐龙——单指临河爪龙，所剩的最后一个趾是第二趾，相当于我们人类的食指。单指临河爪龙个体很小，身长不足50厘米。

前面提到的世界上最长的恐龙——巨型汝阳龙（*Ruyangosaurus giganteus*）也生活在白垩纪时期！巨型汝阳龙是2006年在河南省汝阳县早白垩世地层中发现并发掘的。从发掘出的单个后部背椎椎体的直径达到65厘米来判断，巨型汝阳龙是世界上最大的恐龙。巨型汝阳龙从发现、发掘、修复、研究，直到最后完成整体装架，前后共用了8年的时间。装架后，巨型汝阳龙颈椎19枚，最长的单个颈椎达到124厘米，整个脖子长16.5米，头部距离地面14.5米，有背椎13个，尾椎65节！巨型汝阳龙当之无愧成为当今世界白垩纪时期的明星！

巨型汝阳龙的一串脊椎

巨型汝阳龙装架过程

巨型汝阳龙完成装架

恐爪龙（*Deinonychus*）属于小型食肉类恐龙，化石最早发现在美国蒙大拿地区的早白垩世地层中。它们身体矫健，运动灵活，经常以群体的形式捕食猎物。最大的特点是在后足的第二个趾上长着一个大爪子，像一把锋利的镰刀。爪子的活动范围很大，超过200度！恐爪龙的后足第一趾和第五趾全部退化，这个大爪子又太大了而不能着地。因此，恐爪龙只有两个趾着地。在我国四川的峨眉山地区、山东莒南、内蒙古鄂托克、河北赤城等地均发现过恐爪龙类两个脚趾的

恐爪龙复原——参考New Look at the Dinosaurs（恐龙新观察）；作者：Alan Charig；©1979 British Museum（Natural History Museum）；ISBN 0 565 00883 8

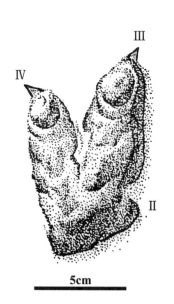

四川峨眉恐爪龙足迹

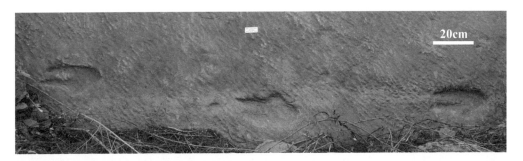

山东莒南恐爪龙类足迹

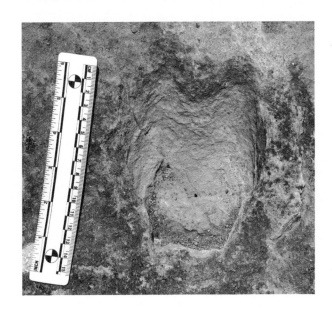

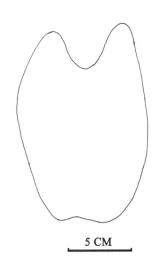

5 CM

内蒙古鄂托克旗恐爪龙类足迹

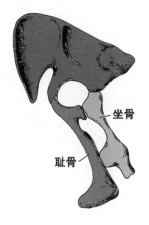

坐骨

耻骨

镰刀龙类"后腰型"腰带结构

足迹化石。恐爪龙的尾椎上有许多粗壮密集的腱，对尾巴有着很强的保护功能。恐爪龙攻击猎物时，不仅用牙咬，脚上的大爪子会把猎物撕得皮开肉绽。恐爪龙在晚白垩世也是一方的霸主，别看它们个体小，可是它们那杀气腾腾爪子，是任何动物都望而生畏的，可以说恐爪龙是最厉害的恐龙。恐爪龙属于奔龙（驰龙）类，实际上，整个奔龙（驰龙）类后脚上第二趾都发育成一个大爪子，这是奔龙（驰龙）类的标志特征！

在早白垩世时期有一种恐龙，叫作缓龙（*Segnosaurus*），也叫慢龙，就是缓慢的意思。它们的骨骼形态很奇特：从缓龙的骨骼形态来看，既不像蜥臀目，也不像鸟臀目。可是它们的腹部离开了地面，两足行走，四肢从身体的下面生长出来呈直立姿态，明明白白地告诉我们缓龙类是恐龙。但是，缓龙类的腰带构造和两大类恐龙的骨盆都不太一样，而是介于两者之间，其耻骨与坐骨几近平行向下，被称为"后腰型"！从头骨和牙齿上看，它们应该是以植物为食的，可是却长着肉食动物的骨架和四肢。关于缓龙类的分类归属，科学界一直在蜥脚型类和鸟臀类恐龙之间摇摆。中国著名恐龙专家董枝明教授1994年研究命名了阿拉善龙、著名青年恐龙专家徐星1999年命名了北票龙等，都属于缓龙类，但却显示了典型的兽脚类恐龙的特征，清楚地证明缓龙类属于兽脚类恐龙。这些证据比较专业，在这里试着列举一下：体表有类似羽毛的结构，前足三趾，第一掌骨短，第三掌骨细长，腕骨远端半月形，压盖住第一掌骨；后足中，第一跖骨近端缩短，不与跗骨接触……，这些都是兽脚类恐龙的特征。在深入研究中，科学家还发现：早在1954年命名的镰刀龙科和1979年命名的缓龙科是同物异名。按照国际动物命名法规的优先律，镰刀龙科是有效名称，而缓龙科是无效名称。后来就用镰刀龙类的名称代替了缓龙类。镰刀龙类（Therizinosauria）的特点之一就是前足的巨大趾爪，有的甚至可达一米！镰刀龙类也因此而得名。在我国发现的镰刀龙类恐龙除了上面提到的阿拉善龙和北票龙以外，还有南雄龙、二连龙、内蒙古龙、峨山龙等。镰刀龙类因有特殊的骨盆构造和争论已久的分类位置而成为白垩纪恐龙的明星。

阿拉善龙骨架

内蒙古龙复原图及骨架

热河生物群——引自张弥曼《热河生物群》2001，上海科学技术出版社

　　早白垩世期间，相当于现在中国辽西地区生活着很多长羽毛的恐龙，以及它们的后代——鸟类。化石保存精美，科学家据此了解了很多带羽毛恐龙和早期鸟类的详细结构，精准地复原了它们的身体形态和生活环境。在白垩世时，辽西地区火山喷发频繁，在火山喷发间歇，火山灰滋养了土地，使得植被茂盛，湖泊众多，吸引了很多动物前来，其中还包括大量的昆虫。可是正当动物们欢天喜地的时候，火山不知道什么时候又突然爆发了。动物们根本来不及逃跑，都被突如其来的火山灰迅速掩埋。这种瞬时间的掩埋对保存动物身体的精细结构非常有利。所以，辽西地区的地层中保存着很多精美的动植物化石，栩栩如生。火山喷发停歇了，过不了多久，植被再一次茂盛，毫不知情的动物们怎么能放过这些鲜嫩美味的食物，它们步前辈的后尘，又来到这看似祥和的环境中，结果又被下一次火山喷发掩埋……据科学家推测，这种环境持续了上百万年！火山无数次地喷发，无数的动物们前赴后继地来到这看似"伊甸园"的地方，很多动物又纷纷被埋在火山灰下……这些被掩埋的动植物被命名为"热河生物群"。辽西地区因此成为世界闻名的化石宝库，其中精美的长羽毛恐龙也成了白垩纪的明星。

窃蛋龙与鹤鸵头部比较

　　窃蛋龙（*Oviraptor*），顾名思义为偷窃蛋吃的龙。1923年，美国纽约自然历史博物馆组织的中亚考察在蒙古国的火焰崖发现了一具和一窝恐龙蛋保存在一起的兽脚类恐龙。当时在化石点周围有很多以植物为食的原角龙的化石。1923年首次发现恐龙蛋时，人们对恐龙蛋还没有深入的研究，科学家就误认为这些蛋化石是原角龙下的，认为这种恐龙是在偷吃原角龙的蛋，就给了它一个不光彩的名字"窃蛋龙"。窃蛋龙个体较小，两足行走，身长虽然有2米，可是站起来的时候只有半米高。窃蛋龙看起来像鸵鸟，有的窃蛋龙的头顶上有一个由鼻骨形成的头冠，特别像今天生活在澳大利亚北部和新几内亚的鹤鸵。有科学家推测，头冠的有无可能是不同种之间的差别，也可能是同种内雌雄的差别。这个角质头冠覆盖了窃蛋龙上颌的前部，使得窃蛋龙好像嘴那里形成了一个"喙"，口中没有牙齿，只在上颚中间有两个尖钉状的突起。这样的上颌估计会很有力气，能够压碎比蛋结实得多的食物，比如坚果，或者双壳类软体动物等。这种结构提示我们窃蛋龙可能是杂食动物。它的前足有很大的爪子，表明它可能是个凶猛的捕猎者！窃蛋龙的化石最初是在一窝恐龙蛋旁边发现的，于是人们推测它是在偷窃其他恐龙的蛋时被突然从天而降的灾祸埋葬的，又由于它口中尖钉状的突起，使人们认为是用于嗑破恐龙蛋壳的，于是人们就更相信它是"窃蛋"龙了。

　　1990年，以中国著名恐龙专家董枝明教授领衔的中国和加拿大科学家组成的中加联合考察队在内蒙古巴彦淖尔的巴音满都呼考察时，发现了一具窃蛋龙骨架趴在一窝恐龙蛋上。但是，通过对化石的复原可知，这具恐龙趴窝的姿势很像是在保护这窝蛋，或者说在孵蛋！（如图）这一发现非同小可！它否定了"窃蛋龙是偷蛋恐龙"这一人们相信了70年的假说！于是，董枝明等科学家首次对窃蛋龙偷蛋的假说提出质疑！后来，1994年，科学家又在蒙古国的窃蛋龙趴着的蛋窝内的恐龙蛋化石里面发现了胚胎，经仔细研究认定，这胚胎就是窃蛋龙自己的，由此证明了窃蛋龙在孵蛋！2008年在我国江西赣州也发现了带胚胎的恐龙蛋化石。经研究认定也属于窃蛋龙的，在江

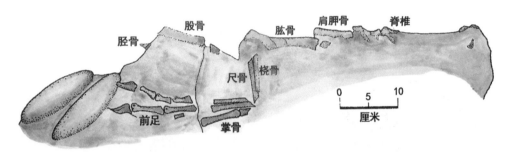

内蒙古巴音满都呼发现的孵蛋窃蛋龙化石

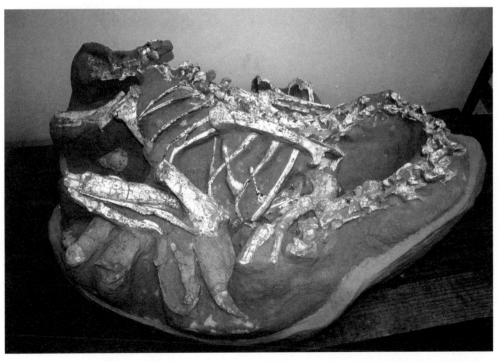

趴在蛋窝上的窃蛋龙化石，来源于蒙古国晚白垩世地层（摄于美国纽约自然博物馆库房）

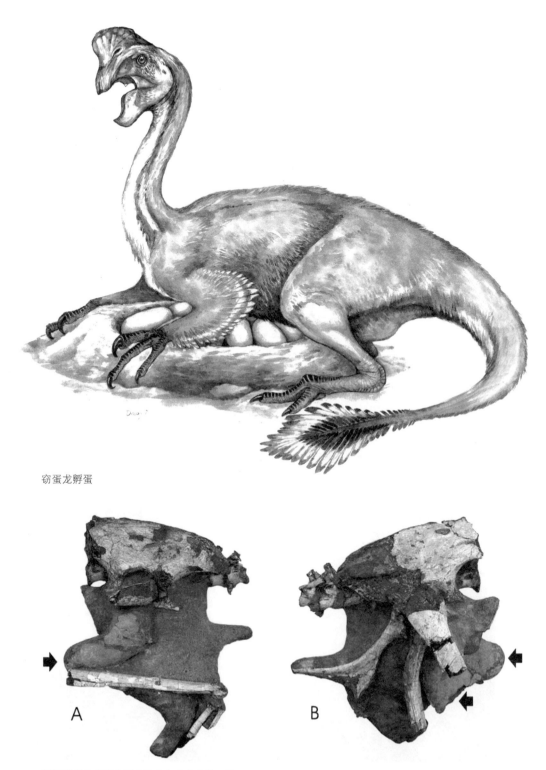

窃蛋龙孵蛋

A    B

江西赣州的雌性窃蛋龙体内尚未出生的两枚蛋

西还发现了正在下蛋的窃蛋龙，蛋还没下下来，还夹在窃蛋龙的体内！（插图）从此，终于为窃蛋龙彻底平反昭雪。

巨盗龙（*Gigantoraptor*）是一类超大型窃蛋龙。一般窃蛋龙的身长为1－2.5米左右，而二连巨盗龙体长7.52米，背部高3.55米，头离地面5.21米，体重估计达2吨。窃蛋龙类一直被认为体型较小，但二连巨盗龙的发现改变了这一观念。打个比方：一提起鸵鸟，我们心中都知道它们大概有多大。可是如果见到一只长颈鹿那么大的鸵鸟！相信你肯定会大吃一惊！作为窃蛋龙类的巨盗龙也会给人如此惊诧！巨盗龙是一个属，目前仅包含一个种，因为是在二连发现的，所以叫作二连巨盗龙。二连巨盗龙腿很纤细，有着一个像鹦鹉一样的喙，身上长有羽毛。估计是目前发现的最大的长羽毛的动物！二连巨盗龙生活在8000万年前的晚白垩世。作为超大型窃蛋龙类，二连巨盗龙无疑应该是白垩纪时期的恐龙明星。

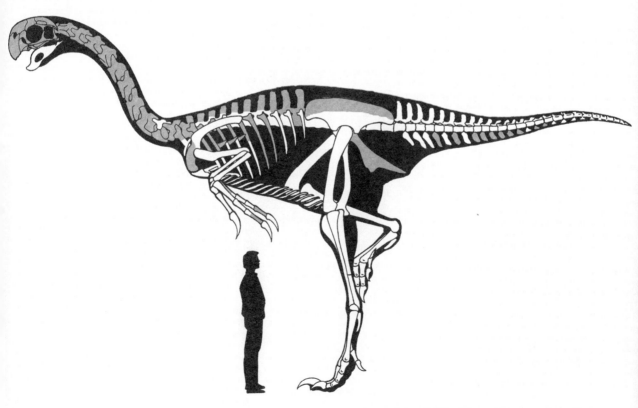

二连巨盗龙和人的体积对比——引自Xu et al., 2007

二连巨盗龙和普通窃蛋龙的体积对比

　　似鸟龙（*Ornithomimus*）是早在1890年就发现的恐龙，它们生活在白垩纪晚期。从体型上看，似鸟龙与鸵鸟差不多，在它们的前肢上有许多凸起的棱状构造，很像现代鸟类骨骼上供羽毛附着的构造，于是科学家们推测似鸟龙很可能长有"羽毛"。似鸟龙脑袋比较小，口里没有牙，脖子比较长，前肢和趾都有所加长，但是不像其他食肉恐龙那么凶猛。似鸟龙后肢很长，骨骼轻盈，尾巴如棒状，可能用于平衡。从体型分析，科学家认为似鸟龙善于奔跑，最快可以达到每小时40千米。我们曾经在内蒙古发现世界上奔跑最快的恐龙留下的足迹，速度达到每小时43.85千米，跟估计的似鸟龙的速度差不多。似鸟龙的口部类似于现在吃虫子的鸟的喙部，因此估计似鸟龙可能以昆虫为食。似鸟龙没有能够研磨的牙齿，也没有发现过胃石。所以，估计似鸟龙不会以植物为食（这一点也被后来的发现否定了）。

　　似鸟龙类在中国有很多发现：最早是1933年在内蒙古二连浩特发现的亚洲古似鸟龙（*Archaeornothomimus asiaticus*），体长2.5米，眼孔比较大；最令人震撼的是1997年在阿拉善左旗晚白垩世的地层中发现了13具似鸟龙类化石骨架保存在一起，而且还在一具骨架内发现了260枚胃石！这一发现轰动了全世界，推翻了以前认为似鸟龙类不吃植物的传统假设。2003年，科学家将其命名为董氏中国

似鸟龙复原图——引自光明日报出版社出版的系列丛书《恐龙》，1995

似鸟龙（*Sinornithomimus dongi*），2009年完成了对整个化石点的挖掘工作。

实际上，在小型兽脚类恐龙中有许多恐龙的样子都很像鸟，除了似鸟龙以外，还有似驼龙、小鸟龙、鸸鹋龙等，从名称上就明显地看出它们像鸟的特征。但是，不要以为它们的名称中有鸟，而且身体也像鸟，它们就属于鸟臀目恐龙，恰恰相反，它们属于蜥臀目恐龙。许多鸟臀目恐龙，比如剑龙、甲龙、角龙的身体和鸟类的体型都大相径庭。

棘龙（*Spinosaurus*）也是白垩纪晚期的一种特别巨大的食肉类恐龙，身长可能达到18米。早在一百多年前的1912年，棘龙化石由德国科学家斯特莫（E.Stromer）在埃及发现。1915年，斯特莫正式命名了棘龙——这条恐龙背部脊椎的神经棘特别长，十分引人注目！棘龙也因此得名。棘龙的脊椎前后方向的长度达到19~21厘米，比最大的食肉恐龙——霸王龙的脊椎还要长。霸王龙的脊椎前后方向的长也不过只有16厘米。非常可惜的是，最早发现的一批棘龙化石在第二次世界大战中被炸毁。

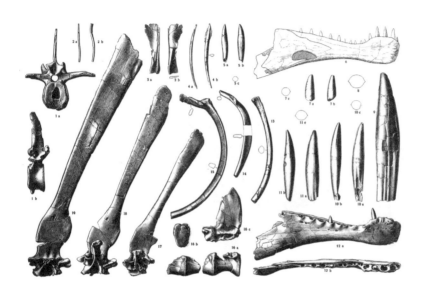

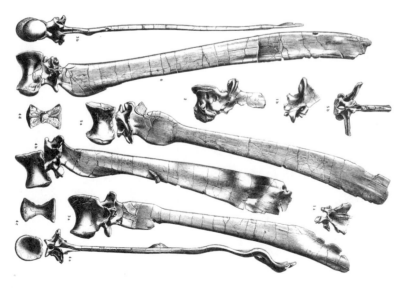

棘龙的骨骼化石——
维基百科

科学家估计棘龙后背的长长的神经棘可以为恐龙支撑出一个"帆"状结构，就像二叠纪的异齿龙和三叠纪的芙蓉龙后背的帆状结构一样，可能具有个体识别，或者性别展示的功能，甚至用来增加与环境的接触面积，而调节体温，就像剑龙剑板的功能那样，可以根据身体的温度调节与阳光的角度。

　　棘龙的嘴很长，上下颌长满了尖锐的牙齿，就像现在的长吻鳄。长吻鳄又叫食鱼鳄，长长的嘴巴特别适合捕捉水中的鱼，所以现在的长吻鳄基本都待在水里。科学家估计棘龙也有类似的生活习性。2020年科学家又公布了棘龙尾巴化石的新发现——它们的尾巴上的尾椎骨很多也有很长的神经棘和脉弧！这个发现改变了人们心目中棘龙的形象，人们推测棘龙的尾巴上下各有一条纵向分布的鳍状构造，就像长长的带鱼！这一发现进一步证明，棘龙可能真和现在的长吻鳄一样，长期生活在水里，而且还善于游泳！

棘龙复原像

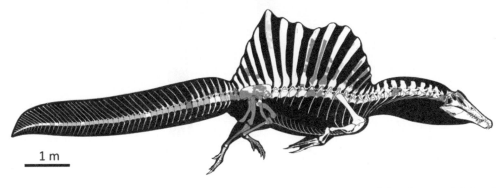

棘龙新形象——图片来自网络

在古生物界，这种情况经常发生：科学家新发现了一种新的古生物物种。但是，经常会碰到化石不完整的情况，对于那些缺失的部分总是根据已经发现的类似种类的相应结构复原这些缺失。后来，这个新物种缺失的部分又被发现了，如果和以前推测的不一样，那就一定要根据新发现的化石改变原来的形象，甚至改变以前的判断和理论。就这样，古生物界的"理论"不断被新的发现改写……。这个现象被称为"西格淖尔－利普斯效应"（Signor-Lipps effect），是由于化石记录的不完整造成的。

鸭嘴龙也是在晚白垩世时期发展起来的类群，它们的嘴很像鸭子的嘴，

鸭嘴龙骨架——引自 Prehistoric Journey，作者：K.R.Johnson and R.K.Stueky（丹佛自然博物馆）；出版：Roberts Rinehart Publisher（5455 Spine Road,Boulder, Colorado 80301）;© 1995 by Denver Museum of Natural History,Internatioal Standard Bok Number（ISBN）1-57098-0056-X,1-57098-145-4（PB）

前端有一个坚硬的角质"鸭嘴"，鸭嘴龙因此而得名。鸭嘴龙种类繁多，样子奇特，许多鸭嘴龙的头上都长有各种"头盔"和"头饰"。青岛龙、山东龙、似棘龙、盔龙、兰博龙、慈母龙等都属于鸭嘴龙类，它们除了嘴像鸭子的嘴以外，口中的牙齿也是所有恐龙中最多的，它们的嘴里上下左右都有牙，最多的有2000多枚牙齿。鸭嘴龙是一大类恐龙，在晚白垩世时特别繁盛。根据它们头上顶饰的有无分成"平头鸭嘴龙"和"顶饰鸭嘴龙"。前面介绍的最大的鸟脚类恐龙——巨型山东龙（*Shantungosaurus giganteus*）就是鸭嘴龙类恐龙。

鸭嘴龙的头饰（似棘龙）——引自《恐龙丛书》，光明日报出版社；©1995 Orbis Publishing ISBN：7-8091-451-[1-24]

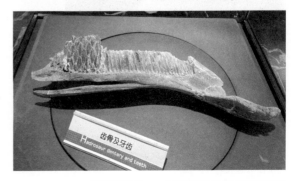

鸭嘴龙牙齿——右侧显示牙齿脱落后的齿槽

青岛龙（*Tsintaosaurus*）也属于鸭嘴龙，和山东龙不同的是，青岛龙头上有一个"犄角"，实际上这是它高高突起的鼻梁骨，但是顶端并没有鼻孔，所以不要以为青岛龙能够在水下潜水，这是青岛龙不完整的顶饰，青岛龙属于顶饰鸭嘴龙。青岛龙是1949年之后我国发现并命名的第一条恐龙。1951年，中国古脊椎动物学之父、北京自然博物馆第一任馆长杨钟健教授主持发掘的，并于1958年命名。不过这里提醒读者的是，青岛龙名称中虽然有青岛，但是它并不是在青岛发现的，而是在山东省莱阳市发现的。因为青岛是距离莱阳最近的大城市，又很有名，于是命名为青岛龙。

青岛龙身长7米，头部高5米，体宽2米，最特殊的就是头上这条细长的"角"。这个"角"中空，实际上是个管子，在顶端分叉。长期以来，关于青岛龙顶饰的解释很有争议：有人说这只角应向前倾斜、也有人说应向后倾斜，青岛龙的复原图也是五花八门。甚至还有人说根本就不存在这只角，而是鼻骨在化石保存过程中受挤压而翘起来形成的。直到2013年，科学家又对青岛龙的这只"角"进行了详细的研究，发现这只"角"是一个破碎顶饰的残留部分，所以才会那么细！经过复原，研究人员认为：完整的青岛龙的顶饰，应该是一个叶形的、中空的顶饰结构，向上凸出略向后偏斜。

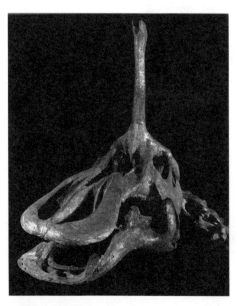

青岛龙头骨特写

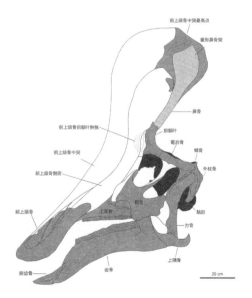

青岛龙头骨复原（灰色部分为原有骨骼，白色为缺失部分）——引自 Prieto-Márquez et Wagner, 2013

慈母龙（*Maiasaura*）也属于鸭嘴龙，生活在8000万年前的白垩纪晚期。慈母龙化石发现的数量很多，仅在美国蒙大拿州发现的慈母龙化石就有上千具骨架，还发现了很多慈母龙的卵和窝以及许多小恐龙个体。最早的慈母龙化石是1979年在美国蒙大拿发现的，慈母龙体长差不多9米，头上没有什么装饰，属于平头鸭嘴龙。慈母龙的头骨比较大，长达到82厘米，高35厘米，两只眼睛之间有一个坚硬的凸起。在最初发现慈母龙的地方，研究人员发现了11个幼年慈母龙骨架，每个慈母龙宝宝不足1米长，聚集在一个窝里面，窝的外面还有4只幼年慈母龙。在化石骨架的周围，还有数量众多的恐龙蛋壳碎片，聚集在一个直径2米，深75厘米的坑里面。科学家在后来的发掘中还发现了慈母龙蛋里面的胚胎，证明了那些恐龙蛋就是慈母龙产的。科学家估计，慈母龙每年都会到相同的地点产卵、繁殖。它们会在产完蛋以后，用植物叶子把蛋窝盖起来。小慈母龙出壳时身长差不多35厘米！根据上面看到的恐龙蛋壳碎片，我们可以推测，小慈母龙孵化后会在窝里继续接受父母的饲养，直到长到差不多1米长时，才离开家。以前，人们一直以为恐龙和其他爬行动物一样，产完蛋就不管它们的孩子了，任其自生自灭。慈母龙蛋窝化石的发现告诉我们至少有些恐龙是会照看自己的孩子们的。慈母龙的名字名副其实。

慈母龙

似棘龙头饰解剖，显示管道内部结构——引自《恐龙丛书》，光明日报出版社；©1995 Orbis Publishing ISBN：7-8091-451-[1-24]

似棘龙

似棘龙（*Parasaurolophus*）也是鸭嘴龙的一种。身体长10米左右，以植物为食，有时四足行走、有时两足行走。化石发现在美国和加拿大等地。似棘龙最大特点是头上有一个向后弯曲的大管子，这是他鼻子的一部分。这根管子的长度超过一米，甚至超过了头骨的长度。从横断面来看，其中包含了四根小管。管子末端封闭。外部来的气体从两个鼻孔进去，走到大管子的末端，再折返回来，然后才进入鼻腔。于是科学家们估计，这么长的鼻道，除了呼吸和嗅觉以外，可能还能发出共鸣声，不同的似棘龙鼻道稍微有点变化，声音就不一样，估计这共鸣声就是似棘龙之间的语言，通过共鸣声可以给同类发出信号，或互相进行交流。

角龙类是在白垩纪时期发展起来的恐龙类群，据科学家研究发现，到了白垩纪末期，其他类型的恐龙都相继减少，只有角龙类还一直繁盛着，所以有人称角龙类是最后的恐龙。

和霸王龙一样，三角龙（Triceratops）也是人们一提起恐龙就能想到的一种恐龙。三角龙是最大的角龙类，是晚白垩世恐龙的典型代表。三角龙头后面有个宽大的褶边，叫作颈盾。算上颈盾，三角龙整个头骨长3米，三角龙颈盾的长度就占了一半以上。颈盾很宽，在有些个体中，最大的宽度能达到2.5米！三角龙的颈盾上没有孔洞，而其他的角龙类在颈盾上还有些孔洞。在三角龙的"脸"上长有三个坚硬的大角，两个长在眼睛上面，叫作眉角，长达1米！三角龙活着的时候，眉角外面还包有角质角，大大增加了眉角的长度。三角龙的脸上还有一个角长在鼻子上，叫鼻角。它们头上的这些角可能是很好的防御武器。1887年，三

三角龙头

角龙在美国科罗拉多州丹佛市附近被发现。刚开始的时候，由于有角，科学家曾一度把它们认为是野牛的化石。三角龙化石发现很多，曾经出现了16个种都在三角龙属下。可是后来经过详细研究发现，这些不同的种应该是种内不同个体的差异。目前三角龙属只有一两个有效种：一个就是模式种（命名三角龙属的时候用的那个种），粗糙三角龙（*Triceratops horridus*）；另外一个种是否存在，科学家还在讨论中。

　　肿头龙（*Pachycephalosaurus*）也是晚白垩世特有的恐龙，它们也是两足行走，最大的特点是头顶的骨骼很厚且隆起，把头骨上的颞颥孔都给挤没了。肿头龙的形态憨态可掬，形态可爱。它有一个厚厚的脑袋，很像没有长大的婴儿，肿头龙也因此而得名。它们的头顶骨很厚，厚度可达25厘米，在头顶部形成圆圆亮亮的"秃顶"。科学家推测，这个"秃顶"是用来进攻的，有时是进攻来犯之敌，有时是种群内部为了争夺统治地位而相互打斗。在"秃顶"的周

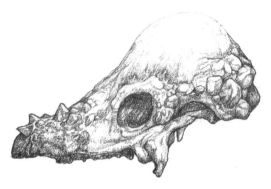

肿头龙的头骨素描

肿头龙复原像——北京自然博物馆戎又荃绘制

围还有许多圆锥形骨质突起，横向摆头时会给对方以伤害。肿头龙生活在白垩纪最晚期，距今6800万年以前，于6600万年前在那场大灾难中与其他恐龙一起灭绝。可能肿头龙刚刚开始发展进化，就遭到了灭顶之灾，所以不像其他恐龙那样进化出许多种类，所以它是鸟臀目恐龙中的一个特殊且小的类群，大概就是与没有时间发展有关。

甲龙（*Ankylosaurus*）生活在晚白垩世，数量众多。甲龙属于鸟臀目有甲类恐龙，完全四肢行走，身体扁平，四肢短粗，头低尾巴也低。有人戏称甲龙的形状很像一个板凳。这个"板凳"可不能坐，因为甲龙的背部生长许多厚重的骨质甲片，这些甲片上面长有许多尖锐的钉状骨刺，有这么多尖刺的板凳可不是好坐的。甲龙身上的甲板大小不一，遍及全身，就连眼睑都被骨化，而且可以开合，以避免被攻击。真是武装到了牙齿！面对一星半点的冲击，它根本就不理不睬，为此甲龙又被称为"坦克恐龙"。另外，它的尾巴末端膨大一个像锤子一样的东西，叫作尾锤，依靠强有力的尾巴的挥动，可以出其不意地给只注意头部的侵略者猛烈的打击，这个打击甚至是致命的。甲龙属是最大的，也许是出现最晚的甲龙类，只是在恐龙时代的最后阶段才出现。甲龙属生活在7000万年到6600万年前的白垩纪最后期，在6600万年前白垩纪末期的那场大灾难中与其他恐龙一起消亡。

甲龙类分布也比较广泛，在我国也发现了很多甲龙类恐龙。中国发现了世界上最古老的甲龙——明星天池龙，它们生活在1.7亿年前的中侏罗世。明星天池龙体长3米，肩部有4对甲板愈合形成的肩带部，这条甲龙还应国际著名导演斯皮尔伯格（Steven Spielberg）之约，用电影《侏罗纪公园》中八位主要演员的名字给这条恐龙命名——明星天池（*Tianchisaurus nedegoapeferima*）。其中，属名天池龙是因为在新疆天山脚下发现的而命名天池龙，而种本名则包含了8位主要演员：萨姆·尼尔（Sam Neill）名字中的"Ne"、劳拉·德恩（Laura Dern）名字中的"De"、杰夫·戈德布鲁姆（Jeff Goldblum）中的"Go"、理查德·阿滕伯勒（Richard Attenborough）中的"A"、鲍勃·佩克（Bob Peck）中的"Pe"、马丁·费拉罗（Martin Ferraro）中的"Fe"、奥利安娜·理查兹（Ariana Richards）中的"Ri"和乔伊·马塞洛（Joey Mazello）中的"Ma"，组成了种本名nedegoapeferima。按照含义，如果在中文翻译中把这八位演员的名字都写上，名字就太长了，于是中文翻名为"明星"。所以，发现在天山脚下的世界上最古老的甲龙就被命名为"明星天池龙"。另外中国发现的甲龙类还有天镇龙、戈壁龙、绘龙、克氏龙等。

明星天池龙复原图

　　鹦鹉嘴龙（*Psittacosaurus*）个体很小，绝对属于小型恐龙，甚至属于小型动物，发现化石的当地群众把鹦鹉嘴龙叫作"石猫"，可见这种恐龙的大小了，一般的个体算上尾巴只有1米多长。鹦鹉嘴龙的嘴很像鹦鹉的嘴，它们也因此而得名，头部短而宽，轭骨（颧骨）角突非常发育，很像是颧骨两侧长出的一对儿角。鹦鹉嘴龙以植物为食，在它们的化石中经常会发现一团一团的胃石，保存在

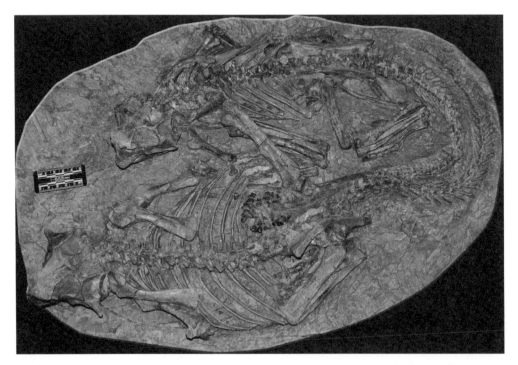

带胃石的鹦鹉嘴龙化石——作者拍摄

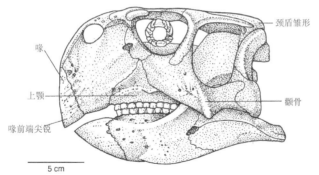

颈盾雏形

喙

上颚

喙前端尖锐

颧骨

5 cm

鹦鹉嘴龙头素描——引自 Lucas, 1997

鹦鹉嘴龙家族化石

鹦鹉嘴龙骨架及复原图——其中复原图由北京自然博物馆戎又荃绘

胃部的地方。

　　鹦鹉嘴龙化石发现的时候，常常是很多个体保存在一起。有时候，还可见到一个成年个体的鹦鹉嘴龙和50多个幼年鹦鹉嘴龙保存在一起的化石。据此，科学家推断鹦鹉嘴龙可能过群居生活，小鹦鹉嘴龙孵化后，会长时间待在家里，由父母照顾。

　　1923年，鹦鹉嘴龙最早在蒙古国被发现并命名，叫作蒙古鹦鹉嘴龙。1927年，在中国内蒙古包头附近也发现了，目前已经有10个种。鹦鹉嘴龙生活在白垩纪早期，是亚洲北部特有恐龙，尤其在中国发现的鹦鹉嘴龙数量巨大。鹦鹉嘴龙的口部前端有一个角龙家族特有的吻骨，而且鹦鹉嘴龙头骨后面还出现了角龙家族特有的颈盾的雏形。因此，科学家认定，鹦鹉嘴龙应该是角龙家族的祖先，至少是和角龙家族得祖先有着很密切的亲缘关系。

　　原角龙（Protoceratops）是最原始的角龙类，原始到还没有长出角，只是在鼻子的地方有些凸起。但是和其他角龙类一样，原角龙在头骨的后部有一个扇形

的大骨板，叫作颈盾，覆盖住它的脖子和身体的前半部，起保护作用。原角龙的眼孔很大，有些原角龙鼻骨上有一个小小的凸起，有些则没有，科学家认为这是性别的区分。原角龙也属于小型恐龙，一般身体长度不到两米，它们喜欢群居。原角龙最早是1922年在蒙古国戈壁发现的，后来在中国的内蒙古、甘肃和山东也相继发现了原角龙化石。此外，世界上发现的最早的恐龙蛋一直被认为是原角龙下的蛋，因为在成批的原角龙发现的地方也发现了不少恐龙蛋化石。在进化上原角龙的位置也很重要，原角龙是最早出现的角龙类，生活在晚白垩世早期，后来进化出各种各样的角龙类。原角龙是亚洲北部特有的恐龙类群。1988年以后，科学家在中国和蒙古发现了很多幼年原角龙化石保存在一起的情况，于是就认定原角龙有护幼行为，父母一直呵护着孩子们的成长。所以原角龙属于社会群体生活类型的恐龙。

原角龙骨架图——拍摄于内蒙古博物院

戟龙（*Styracosaurus*）是一种特化了的角龙，属于中型角龙类，身长5米多，样子长得很凶猛，猛地一看它头上的角特别多。它头部的角也是三个，但是两个眉角比三角龙的两个眉角小许多，鼻角很大。让人看起来眼花缭乱的是它的颈盾的边缘特化形成的许多棘，样子和角一样，这样棘有的比角还大，中间的大越向两侧越小，很像我国古代作战时候用的戟，所以把它们叫作戟龙。这种戟从颈部向后伸出，让戟龙看起来威武雄壮。戟龙长在颈盾上的棘还有另外一个功能，可以在不减弱颈盾防护功能的情况下，减轻颈盾的重量，使戟龙头部活动更灵活。戟龙和其他角龙类一样都生活在恐龙时代的最后阶段，白垩纪晚期。

　　值得一提的是晚白垩世南极洲上曾生活过恐龙！包括甲龙类、棱齿龙等。古生物学家分别于1986年、1989年和1994年在南极洲发现过恐龙的踪迹。上文已经提到，晚白垩世各大陆块的形状已经和现在的差不多，也就是说，南极大陆当时的位置离现在的位置已经不远了。最南的恐龙化石产地仅距南极点650千米。有些科学家根据大陆漂移的速度，推算出，这些化石产地在晚白垩世的时候大约在南纬60度的地方，离现在的地方仅相差几度，这些地方当时已经很冷了。于是关于恐龙为什么能够在这么寒冷的地区生活的问题引起了人们的兴趣并纷纷发表自己的看法。最后，大家认为有两种可能：一种认为恐龙是热血动物，就像现在的哺乳动物，有很好的御寒能力；另一种观点认为，当时恐龙有季节性长途迁徙的习惯。它们的这个习惯遗传给了恐龙的后代——鸟类，今天有许多鸟类都有季节性长途迁徙的习惯。

戟龙化石

# 恐龙换头的故事

雷龙属于大型蜥脚类恐龙，比梁龙稍微短一些，但是身躯部分显得很大。雷龙的身体很粗犷，估计体重比两条梁龙加在一起还要沉，差不多有25吨！和其他蜥脚类恐龙一样，雷龙的四条腿像四根大柱子，前脚的拇趾上有钩状的爪子。雷龙还有一段有趣的故事呢：

1879年，美国科学家在怀俄明州发现了两具不完整的蜥脚类恐龙的骨架，而且没有发现龙头。当时的美国著名科学家马什很快就给这两条恐龙命名为雷龙。他是想表达这条恐龙行走时声如雷鸣，很快雷龙的便家喻户晓。可是经过仔细对比，科学家发现这两条恐龙与马什在两年以前描述的一种叫作阿普吐龙的恐龙属于同一个种，于是一个种的动物就有了两个名字，这不符合国际生物命名法规，后取的名字应该废弃，可是雷龙的名字不但响亮，而且人人皆知，人们根本不去理会什么阿普吐龙。在我们中国，恐龙的中文名称是从拉丁文翻译过来的，没有严格的限制，所以为了使人们对这条恐龙的印象不变，一直沿用雷龙的名称。

雷龙骨架——引自Encyclopedia of DINOSAURS（恐龙百科全书）；主编：Philip J. Currie and Kevin Padian；出版：ACADRMIC PRESS ©1997 by ACADEMIC PRESS；ISBN 0-12-226810-5

可是后来，雷龙又出问题了。

这次问题出现在它的脑袋上。由于一开始给雷龙命名的科学家马什在给它命名的时候，并没有发现头骨化石。可是恐龙化石修理出来需要复原装架，装架就需要有头。于是马什就把在几百公里以外发现的一个蜥脚类恐龙的头骨给雷龙安装上，后来专家认定这个头骨是一种叫作圆顶龙的。由于当时还没有发现雷龙的头，人们也说不出什么。

1915年另外一个科学家在犹他州发现了一具完整的雷龙（严格应该叫阿普吐龙）骨架，令人高兴的是终于发现了和骨架长在一起的雷龙的头。这个头骨与原来装在雷龙骨架上的头骨区别很大，倒是有点像梁龙的头。于是很有必要把原来装架好的雷龙骨架上的头换成真正雷龙的头。但是遭到马什学派后来弟子们的反对，因为这些科学家一直将把雷龙归入圆顶龙类进行描述的。为了维护马什和自己的面子，他们坚决反对更改。可是，真理是不以任何人的意志为转移的，30多年以后，两名造诣很深的古生物科学家伯曼和麦金托什将雷龙的骨骼形态与梁龙和圆顶龙骨骼进行了全面的比较。比较以后发现，雷龙与梁龙的形态更接近，于是得出结论：雷龙属于梁龙属的，而不是圆顶龙属的。20世纪60年代，卡内基博物馆中的雷龙头上的圆顶龙头骨被取了下来，换上了真正的雷龙的头骨，其他拥有雷龙模型的博物馆也纷纷效仿。

这就是科学界相传的雷龙换头的故事。正是雷龙两次出错，两次纠正，其纠正错误的时间之长，争论之激烈，使雷龙成为恐龙世界的明星。

说起换头，中国的马门溪龙也有个换头的故事：

马门溪龙是一个属，里面目前包含9个种。最早是1952年在四川省宜宾市马鸣溪渡口发现，1954年杨钟健研究命名的建设马门溪龙，而最出名的是1957年发掘，1972年研究命名的合川马门溪龙。合川马门溪龙全长22米！一度成为亚洲最长的恐龙。最特别的是，它的脖子竟然占了身长的一半！挖掘时，除了头骨和前肢以外，全身的骨骼都在，而且很好地关联在一起。正是因为合川马门溪龙的发现，使马门溪龙成为中国最著名的恐龙。于是，全国各大博物馆，都纷纷复制合川马门溪龙的骨架模型，展示在展厅中最明显的位置，供世人参观。北京自然博物馆也最有理由展示中国最著名的恐龙模型。但是，由于当时合川马门溪龙并没有发现前肢和头骨，科研人员就认为马门溪龙的头骨应该和世界上著名的梁龙的头骨差不多。于是，就按照美国发现的梁龙的头骨的模样制作了模型，安装在合川马门溪龙的头上。多少年来，大家也见怪不怪。

1988年，在四川省自贡市新民乡发掘到一具马门溪龙骨架，这具恐龙化石骨

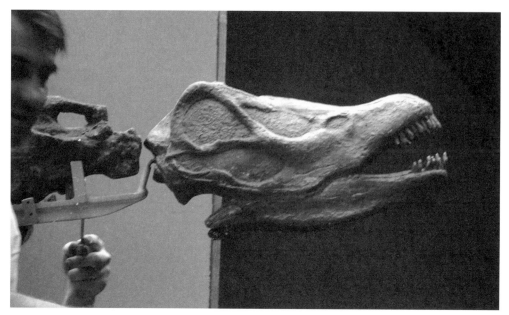
安装在马门溪龙头上的梁龙头骨模型

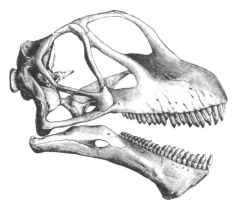
杨氏马门溪龙头骨——引自欧阳辉，2003

架十分难得，竟然保存了完整的头骨化石。经研究，这具恐龙化石是马门溪龙的一个新种！1996年，皮孝忠等科学家将其命名为杨氏马门溪龙。所以，杨氏马门溪龙是第一具保存完整头骨的马门溪龙！马门溪龙头骨的发现让中国古生物学家特别兴奋！我们的马门溪龙终于有自己的头骨化石了。看看北京自然博物馆，上海自然博物馆的马门溪龙脖子上顶着的都是梁龙的脑袋！甚至，保存在成都理工大学的合川马门溪龙模式标本上都是梁龙的脑袋！经研究对比，很容易就能看出，杨氏马门溪龙的头骨和梁龙的头骨相差很大，马门溪龙的头骨属于圆顶龙形，具有勺形齿；不同于具有棒状齿的梁龙头骨。

2002年，我们曾经与自贡恐龙博物馆联系，将北京自然博物馆展厅内合川马门溪龙的梁龙形头骨模型更换为杨氏马门溪龙的圆顶龙头骨模型。但是，终因种种原因使这个动议没有实行。不过后来北京自然博物馆在四川井研采集到完整的井研马门溪龙骨架，在2003年装架的时候，安装了圆顶龙形的头骨模型。后来，又发现了井研马门溪龙的头骨化石，就是圆顶龙形的头骨。

# 恐龙灭绝原因的探讨

恐龙曾经是陆地上盛极一时的动物，它们统治地球的时间长达一亿六千多万年，最后还是没有躲开灭亡的命运。于是，不禁让人联想到了我们自己，如果我们弄清楚恐龙灭绝的原因，说不定对我们人类也是一个警示。

早在恐龙被发现以前，以居维叶为首的科学家们就根据不同地层中出现了不同类型的生物化石的现象，认为地球历史上曾经发生过多次由非常力量引起的巨大灾变，每次灾变都使地球上的一切生物毁灭。待非常力量过去之后，新的生物又被创造出来。这个观点是在科学不甚发达的18世纪提出来的，当时神创论、上帝创造万物的教会观点很盛行，神创论渗透到科学界就是这种灾变论。它们的区别是把上帝的一次创造说成是每次绝灭后的多次创造。于是，恐龙被发现以后，恐龙的灭绝也被纳入这种超自然的力量的结果。

19世纪中叶，达尔文提出生物进化论：认为世界上的生物都是从一个共同的祖先逐渐演化而来的，从根本上否定了神创论。当时，神创论流行甚广，势力很强，达尔文的进化论遭到教会等封建势力的强烈反对。但是，真理是任何人为的势力都无法阻挡的。恩格斯后来把进化论誉为19世纪的三大发现之一（其余两个是"能量守恒和转换定律"和"细胞学说"）。进化论一经提出，便很快深入人心，根据进化论，现在繁荣的生物界就是从低级到高级，从简单到复杂发展进化来的。但是，生物的进化不是一帆风顺的，按照进化论的理论，环境的变化是造成生物进化的一个重要因素。新的环境一定会造成不适应新环境的物种灭绝，而同时，新的环境又会造就出新的物种。

6600万年前的白垩纪末期，环境发生了突然地变化，恐龙因此突然灭绝了。上面在谈到白垩纪的恐龙的时候，曾提到恐龙的灭绝并不是同时的，经过仔细研究对比，发现在白垩纪结束以前，已经有近三分之一的恐龙提前退出了历史的舞台。但是，是什么原因让三分之二的恐龙一起全部消失了，这引起了人们的极大兴趣和强烈反思。甚至有些人根本不相信恐龙绝迹了，认为它们肯定还生活在地球的某个角落，只是还没被我们人类发现。因此，就有了许多类似于尼斯湖怪兽的传说。还有人干脆利用电影使它们复活，以满足人们的好奇。还有更多的人去探索，到地层和化石中寻找线索。根据不同的证据，人们提出了很多不同的假说来解释恐龙集群灭绝的原因。

哺乳动物偷吃恐龙蛋
——引自《大恐龙博》，
［日］长谷川，1992（恐龙展览画册）

# 哺乳动物的兴起造成恐龙的灭绝

　　在生物进化的过程中，总是由新的物种取代落后的物种，在新的环境中适应新的生活。回看生物演化的宏观历程，生物是从简单的原核生物进化到比较复杂的真核生物，又从单细胞进化到更能适应环境的多细胞。从4亿年前的泥盆纪，脊椎动物登陆以来，从两栖动物进化到真正的陆生脊椎动物——爬行动物和哺乳动物。白垩纪末期正是爬行动物和哺乳动物变换阵营的时候。从进化的观点来看，爬行动物卵生、冷血、多被鳞甲；哺乳动物胎生、哺乳、热血、有毛发。哺乳动物比爬行动物高级很多，所以出现后在生态环境中很快地替代了爬行动物。哺乳动物取代了恐龙之后，在新生代繁荣昌盛起来的。中生代地层中恐龙化石还十分丰富，而到了新生代的地层中则蕴藏了大量的哺乳动物化石。根据优胜劣汰的原则，很多科学家认为恐龙的灭绝是哺乳动物的生存竞争造成的。由于哺乳动物有着比爬行动物更加优势的性状特征，在竞争中占得先机，造成了恐龙的灭绝。因此推断，由于哺乳动物的兴起，在生活空间中与爬行动物竞争，而爬行动物由于性状的落后而在竞争中失败，走向灭亡。所以，这个假说的观点是：哺乳动物的崛起造成恐龙的灭绝！

　　这个假说听起来，确实很有道理。先进的进步类群替代落后的原始，是历史发展的规律。所以，一开始很多人都支持这个假说。但是，当人们深入到地层

中，仔细研究了中生代的化石后发现很多现象并非如此。

首先，化石证据告诉我们，在大约2.3亿年前的三叠纪晚期，哺乳动物和恐龙是同时出现在地球上的。前面我们说到，最早的恐龙始盗龙和黑瑞拉龙等出现在三叠纪晚期，具体距今年代大约两亿两千八百万年前。最早的哺乳动物也是出现在晚三叠世和早侏罗世，包括摩根齿兽类，中国尖齿兽和贼兽类等。虽然，还没有具体绝对年龄的官方数据，估计只比恐龙的出现稍微晚一些，因为中生代的哺乳动物大都是在侏罗纪时期开始分异发展的。

按说，进步的哺乳动物出现了，落后的爬行动物就应该减少或者消失了。可是，中生代期间的哺乳动物个体都很小，远不及当时的恐龙。如果不是最近由于中国科学家的努力，在中国辽西地区发现了大量的中生代哺乳动物化石的话，中生代哺乳动物的数量也十分稀少。

让我先看看中生代期间的哺乳动物的面貌吧。

摩根齿兽（*Morganucodon*）：摩根齿兽是最早出现的哺乳动物，最早出现在三叠纪的晚期，几乎是和恐龙同时出现的。摩根齿兽化石最早发现于欧洲，后来在我国的云南也找到了十分完整的摩尔根齿兽头骨化石，叫作奥氏摩根齿兽（*Morganucodon oehleri*）。这种动物比老鼠稍大，有着纤细的下颌，牙齿已经高度分化，已经有门齿、犬齿、前臼齿和臼齿之分，它们有着灵敏的嗅觉。它们曾经和早期恐龙生活在一起，但与强大的恐龙比起来实在是太弱小了，白天只能躲藏起来，躲避肉食恐龙的攻击，只有在晚上悄悄地出来觅食。

正当哺乳动物处在发展的黎明时期，以恐龙为代表的爬行动物则如日中天，使得哺乳动物的种类和数量都十分稀少，保留下来供我们研究的化石更是少得可

1厘米

奥氏摩根齿兽化石（保存在北京自然博物馆）及其生活复原图

怜。但是科学家们一直在执着地探索着，曾经发现过一些零星的牙齿化石，并且根据这些牙齿化石将早期的哺乳动物划分成了几个大类群。由于化石材料的缺乏，特别是几乎没有见到完整的骨架，使得人们对早期哺乳动物的演化一直是不甚了解的。

张和兽的发现犹如一盏明灯照亮了哺乳动物黎明前的黑暗。张和兽是辽西地区发现的第一件中生代哺乳动物的完整化石，不仅有完整的头骨，而且还有以前从未发现过的完整骨架。化石发现于我国辽宁省朝阳市以东32千米处的尖山沟村。这具珍贵的化石是由业余化石采集人张和先生发现的，为了纪念张和的这个伟大发现，研究人员用张和先生的名字给这件世界珍宝命名。这也是给张和先生本人的莫大荣誉。

张和兽的全名叫五尖齿张和兽（*Zhanghetherium quinquecuspidens*）。通过对张和兽的研究澄清了许多以前"悬而未决"的问题。有的学者称，张和兽的发现将清了哺乳动物早期的进化线。早在1928年和1963年，在英国晚侏罗世的地层中的同一个动物群中，曾先后发现过两件早期哺乳动物的牙齿化石，通过研究先后被命名为两个属。但是，通过对张和兽化石的研究发现这两个属竟然是同一种动物的上、下牙床！

通过对张和兽骨骼的详细研究，科学家认为张和兽在进化上处于一个相当重要的位置。通过对耳蜗、间锁骨和前肢生长姿态等特征的研究，发现张和兽是卵生哺乳动物到胎生哺乳动物之间的过渡类型。张和兽的出现的地质时间也正好在卵生哺乳动物分化之后，真兽次亚纲和后兽次亚纲分化前。前面已经提到，在哺乳动物早期进化过程中出现了许多类群，但它们之间的演化关系一直是推测出来

张和兽化石

张和兽生活复原图

的。正是由于张和兽的发现证明了有些推测是正确的，有些是不准确的。

中生代期间最著名的哺乳动物除了张和兽以外，就算是热河兽了。其化石的完整程度令许多古哺乳动物专家瞠目。这些化石对研究哺乳动物的早期演化有着相当重要的意义。辽西地区也被世界公认为是哺乳动物起源与早期演化的重要场所。

热河兽是一类早期原始的哺乳动物，属于三尖齿兽类。它与摩尔根齿兽关系还不是很清楚，可以肯定的是它与摩尔根齿兽的亲缘要比其他任何已知的哺乳动物都密切，但是热河兽的时代要比摩尔根齿兽的生活时代晚了将近七千万年。这一时间的差距比恐龙绝灭到现在的时间还要长。热和兽生活在一亿两千多万年以前，很早就离开了哺乳动物进化主线，并且将分离以前的原始性状一直保存到了白垩纪早期。如果在今天，我们可以认为它们属于活化石了。比如，鸭嘴兽类等卵生哺乳动物就是很早离开了哺乳动物的进化主线而把原始特征一直保存到今天，我们称它们为活化石。热河兽的唯一个种叫作金氏热河兽（*Jeholodens jenkinsi*），化石发现于我国辽宁省北票市四和屯村。化石全长12厘米。通过对它们牙齿的研究，科学家认为它们以食昆虫为生。

哺乳动物种类很多，包括已经灭绝的种类，目前记录大约有4000个属左右，其中包括卵生的原兽类、长有育儿袋的后兽类和有胎盘的真兽类（中生代期间有些真兽类不确定有没有胎盘），其中真兽类是进化最完善的哺乳动物。现今生存的绝大多数哺乳动物都是真兽类，当然也包括我们人类。真兽类在白垩纪期间就出现了，比如，发现于辽宁凌源的始祖兽就是真兽类代表，一听"始祖兽"的名字就能知道它是我们有胎盘类哺乳动物的祖先之一。

始祖兽（*Eomaia*）属于真兽类，身长约14厘米，跟老

热河兽复原图

鼠差不多大小，耳形也与老鼠很接近。它的脚趾较长，估计能够在崎岖地面行走很自如。从骨骼看，始祖兽身体十分灵巧，能够轻易地捕捉到各种昆虫，生活在1.25亿年前的白垩纪早期。

侏罗兽（Juramaia）也是中生代真兽类的代表，个体也不大，头骨只有2.2厘米长，科学家估计它的体重只有十几克！但是，它的重要意义在于侏罗兽化石的地质年代是1.6亿年前，比以前发现的最早的真兽类化石还要早3500万年。这是目前发现的最早的真兽类，这一差别引起了全世界很多科学家的关注。经过系统发育的分析发现：先出现的侏罗兽比3700万年后的真兽类还要进步！虽然这种情况也发生过，但是还是引起了有些科学家对侏罗兽地质年龄的质疑。可以确定的是，侏罗兽是白垩纪早期的真兽类哺乳动物，但是个体很小。

以前大家一致认为，中生代期间。和恐龙生活在一起的哺乳动物，大多都跟老鼠一样大小，最大的也只有兔子那么大。可是巨爬兽的发现打破了人们的这种

始祖兽复原图

侏罗兽复原图

观点。巨爬兽（*Repenomamus giganticus*）的头骨长达15厘米以上，估计完整个体能够达到中等大小的狗那样大，是目前发现的最大的中生代哺乳动物。在另外一种爬兽——强壮爬兽的体内还发现了鹦鹉嘴龙的骨骼，也就是说，这种哺乳动物吃恐龙。爬兽化石的发现支持了哺乳动物竞争造成恐龙灭绝的假说。

巨爬兽袭击鹦鹉嘴龙

　　按说，哺乳动物比恐龙进步，应该在生存竞争中占得先机。恐龙和哺乳动物几乎同时出现在地球上，应该在恐龙还没有发展起来的时候，就将恐龙扼杀在"摇篮"中。但是，事情并不是人们想象的这样。在恐龙统治地球的一亿多年的时间里，哺乳动物虽然分化了很多类群，但是数量比起恐龙来还是相差很多。到目前为止，世界上的恐龙属已经超过1000个，而整个中生代的哺乳动物到目前只发现40多个。而且它们的体型差异极大，哺乳动物的个体都很小，大都像老鼠大小，最大的也就是巨爬兽，相当于狗那么大。而超过30米长的恐龙就有很多，最长的恐龙已经超过38米！而且，由于恐龙占据生态空间，中生代许多哺乳动物都是"夜行动物"，只能在恐龙世界的缝隙里苟且偷生。

　　可是，让我们看看哺乳动物的系统发育：在中生代期间个体小，数量少，而且很多演化线都是"虚线"，这就说明，由于化石发现得少，这些哺乳动物之间的进化关系还不是很清楚。现在我们的哺乳动物世界丰富多彩，而且成为统治地球的主要动物类群。从化石上来看，各个哺乳动物门类是在始新世才开始蓬勃发展的。恐龙是在白垩纪末期灭绝的，恐龙灭绝以后的第一个地质历史时期是古新世。恐龙是在很短的时期内消失的，而哺乳动物则经历了将近1000万年的时间才发展起来的。也就是说，在恐龙繁盛时期，哺乳动物无法得到发展，只有到了恐龙灭绝以后，哺乳动物才得到充分的发展（图中的红线是恐龙灭绝线）。这样看来，恐龙的灭绝并不是由于哺乳动物的兴起造成的。恰恰相反，哺乳动物的兴起是恐龙灭绝造成的。持"哺乳动物的兴起造成恐龙灭绝"观点的学者是把因果

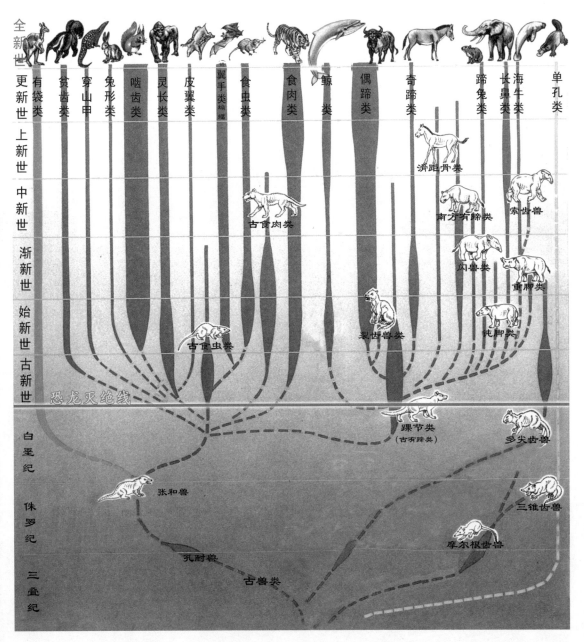

全新世
更新世
上新世
中新世
渐新世
始新世
古新世

恐龙灭绝线

白垩纪
侏罗纪
三叠纪

有袋类　贫齿类　穿山甲　兔形类　啮齿类　灵长类　皮翼类　翼手类(蝙蝠)　食虫类　食肉类　鲸类　偶蹄类　奇蹄类　蹄兔类　长鼻类　海牛类　单孔类

滑距骨类

南方有蹄类　索齿兽

闪兽类

重脚类

钝脚类

古食肉类

裂齿兽类

古食虫类

踝节类
(古有蹄类)

多尖齿兽

张和兽

三锥齿兽

孔耐兽

厚尔根齿兽

古兽类

哺乳动物演化图——引自《Purnell's Prehistoric ATLAS》，P. Arduini and G. Teruzzi，1982

关系弄反了！

　　实际上，没有恐龙的灭绝就没有哺乳动物的发展，也就没有我们人类的出现！这样看来，我们还要感谢恐龙的灭绝！恐龙的灭绝给了哺乳动物以发展的空间，才使我们人类得以出现。

# 美丽的花朵毒死了恐龙

　　在恐龙世界中绝大多数是以植物为食的。中生代在植物界属于裸子植物时代，蕨类植物在中生代也十分繁盛。蕨类植物和裸子植物为恐龙的生存提供了丰富的食物。在长期变化不大的环境中，让恐龙适应了绿色植物。最近有证据表明，恐龙多以蕨类植物为食。

侏罗纪景观

我们知道，植物界也遵循着生物进化的原则，从低级植物到高级植物发展进化：从低级的藻类植物进化到苔藓植物，到蕨类植物，再到裸子植物和被子植物。在植物界中，只有被子植物是开花植物。从化石资料来看，被子植物在早白垩世出现，到了白垩纪晚期就开始繁盛，被子植物繁盛没多久，恐龙就灭亡了。于是，就有科学家根据这个现象提出被子植物的出现造成了恐龙灭绝的假说。

被子植物是唯一一类有花的植物。被子植物的花朵给地球带来了无尽的色彩，但是五颜六色的花朵中含有许多蕨类植物和裸子植物没有的物质成分。于是有些科学家认为恐龙可能不适应花朵中的物质，而中毒死亡了。所以，提出鲜花毒死恐龙的假说。

另外，科学家们发现，现在生活着有一种树，专门聚集空气中的硒。大家都知道如果硒富集起来是有剧毒的。根据对现代火山喷发物的研究发现其中含有大量的硒，于是人们就推测，可能是由于白垩纪末期火山喷发越来越多，空气中的硒含量越来越多，于是某种被子植物富集空气中弥漫的硒，以植物为食的恐龙吃了这种有毒的植物中毒而死亡。同样吃肉的恐龙也因此吃了中毒恐龙的肉而中毒，造成了恐龙王国的衰败。

可是，在白垩纪末期的植物化石中从来还没有找到这种能够富集硒的植物。另外，当时和恐龙一起灭亡的还有鱼龙、蛇颈龙以及菊石等海生动物，它们并不以陆生被子植物为食，怎么也同时消亡了呢？看来，恐龙因食用花朵中毒的假说有很多问题都不能解释。于是，很多科学家都不大相信这个假说。

植食恐龙喜爱的蕨类植物

世界上的第一朵花——辽宁古果（引自孙革，1998）

恐龙吃鲜花——图片来自网络

鲜花毒死恐龙的假说——Lockley 提供（有改动）

　　我国四川自贡发现了成群的保存完好的恐龙化石，通过现场分析，这批恐龙肯定是死于一次事件，因为化石保存完美，没有经过搬运（河流的冲刷等），来自以成都理工学院为主的科学家对自贡恐龙的死因进行了分析，他们在埋藏自贡恐龙的围岩中发现了砷和一些稀土元素的聚集。1993年又发现了铀异常。于是推测恐龙受到污染中毒而死。

　　可是，自贡的恐龙是中侏罗世时期的恐龙，而随后而来的晚侏罗世正是恐龙最繁盛的时期，再后来的整个白垩纪时期恐龙也十分繁盛。自贡及四川其他地方的非正常死亡的恐龙属于局部中毒或小范围的灾难，与白垩纪末期的恐龙灭绝并没有直接关系。

# 新星或者超新星爆发

1957年，苏联科学家克拉索夫斯基，提出超新星爆发引起恐龙灭绝的假说。超新星爆炸造成强辐射，同时将大量的物质向宇宙空间抛洒。辐射改变了恐龙体内染色体的结构，从而造成恐龙生殖系统紊乱，使恐龙灭绝。抛洒的物质形成浓密的宇宙尘埃。

超新星爆发在宇宙中比较常见，是一颗恒星的最后消亡阶段。根据天文学家的发现，银河系内有200多颗新星，8颗超新星。

最近的超新星爆发是1987年2月23日，加拿大多伦多大学的天文学家发现在离银河系最近的星系——"大麦哲伦星云"中有一颗正在爆发的超新星。一般情况下，超新星很少会出现，特别是在离地球较近的太空中更是罕见。平均在一颗星系中，每300年才可能出现一颗超新星。1987年爆炸的超新星是时隔400年后首次在距离地球最近的地方发生的爆炸。这颗超新星编号为1987A，距离地球16.3万光年，也就是说本次看见的照片其实是这颗超新星16.3万年前的样貌。

最著名的超新星爆发是1054年7月4日，爆发一开始和金星的亮度一样，23天以后慢慢暗淡下去。超新星爆发以后，物质向宇宙中抛洒，形成现在著名的金

超新星1987A——图片来自网络

超新星爆发——引自《天文博物馆》崔振华，1995；河南教育出版社

蟹状星云——引自《天文博物馆》崔振华，1995；河南教育出版社

牛座蟹状星云。这颗超新星的爆发只有中国给予了详细的记载，在世界天文史上留下光辉的一页。我国《宋史》中有详细记载"至和元年五月，晨出东方，守天关，昼见如太白。芒角四出，色赤白，凡见二十三日"。

但是，根据天文学家对地球附近的天体研究发现没有在6600万年以前爆发的超新星。于是，这个理论没有怎么引起人们的注意。

# 恐龙蛋壳变厚

根据对恐龙蛋化石的研究发现，绝大多数恐龙蛋化石都是在白垩纪晚期的地层中发现的。我国是恐龙化石丰富的国家，也是产恐龙蛋最多的国家。可是，在我国恐龙化石出土最多的四川省和重庆市，到目前为止还没有发现任何恐龙蛋化石。这个现象使许多科学家很困惑：恐龙几乎生存在整个中生代，为什么三叠纪晚期、侏罗纪、甚至白垩纪早期的地层中的恐龙蛋化石如此稀少呢？而晚白垩世的恐龙蛋的数量为什么如此巨大呢？

在20世纪90年代以前，全世界的恐龙蛋的发现很少，全世界各个博物馆保存的恐龙蛋的数量只有几百枚。所以，恐龙蛋的地质年代都集中在晚白垩世的现象还不是特别明显。1995年以来，在我国的河南（西峡）、江西（赣州）、广东（河源、南雄）、浙江、湖北等地区相继发现数万枚恐龙蛋化石，轰动了全世界。这些恐龙蛋化石都集中在晚白垩世地层中。

这个现象引起了许多专家的注意：为什么在白垩纪晚期的地层中发现大量恐龙蛋化石呢？白垩纪末期正是恐龙灭绝的时刻。于是有些人推测，在整个中生代早期和中期的恐龙蛋的壳很薄，十分利于恐龙的孵化，不容易保存成化石，所以在晚白垩世以前的地层中保存的恐龙蛋化石就十分稀少。到了白垩纪末期，恐龙蛋蛋壳变厚，幼小的恐龙胚胎无力冲破坚硬的壳层而死亡在未孵化的蛋壳中，如此多的后代死亡了，久而久之就造成整个种群的消失。甚至有的科学家推测蛋壳

1 厘米

大连自然博物馆保存的厚皮圆形蛋（DANHM154）右侧图显示内部充填方解石——引自赵资奎，2015

小恐龙孵化

变厚的原因是受到突如其来的天外辐射，造成了恐龙基因发生突变，而使蛋壳变厚。这个假说一出台，赢得了很多人的赞同，这不仅解释了恐龙灭绝的原因，而且还解释了为什么恐龙蛋集中出现在白垩纪末期的地层中的现象。

世界著名恐龙蛋研究专家赵资奎曾经通过对广东南雄的恐龙蛋的研究后认为，恐龙的灭绝经历了25万年的时间才完成。在白垩纪和古近纪界线之前的20—30万年的时间里，地层中除了出现微量元素异常以外，还出现了严重的干旱性气候。为了应付干旱，避免水分蒸发，恐龙蛋壳上的气孔变小。这就严重影响了胚胎的正常呼吸，使恐龙无法正常繁育后代而逐渐走向绝灭。但是，对于漫长的地质历史来说，这25万年也只是一瞬间。

但是，后来翼龙蛋化石的发现使恐龙蛋壳增厚或者气孔变小的假说又受到了冲击。2014年，世界著名古生物学家，翼龙学者汪筱林带量的科研团队在新疆哈密市一亿年前的早白垩世地层中发现了大量的翼龙化石和立体保存的翼龙蛋化石！翼龙蛋一般比较软，常被压成印模形式保存化石。新疆哈密的翼龙蛋化石是世界上第一次发现立体保存的翼龙蛋化石。虽然是立体保存，也能看出这些翼龙蛋是软壳的蛋，其与蛇类如锦蛇的"软壳蛋"非常相似。因此可以断定，翼龙产的蛋是软壳的。可是翼龙在白垩纪末期也和恐龙一起灭绝了，翼龙蛋不存在蛋壳太厚，小翼龙出不来的情况，可是翼龙为什么也在白垩世末期和恐龙一起灭绝了呢？看来，翼龙和恐龙的灭绝另有原因！恐龙蛋壳增厚导致小恐龙出不来壳的假说无法解释翼龙的灭绝。

另外，鱼龙类和蛇颈龙类都生活在水里，也不可能产下带硬壳的卵繁殖后代。它们应该是把卵产在体内，卵在体内孵化，孵化后的小恐龙从母亲的体内出来才能自由生活，这看起来特别像是我们哺乳动物的胎生。但是，大部分哺乳动物是有胎盘的，胎儿通过胎盘跟母亲交流，母亲的身体通过胎盘把营养传输给胚胎，并将胎儿产生的代谢废物传给母亲、排出体外。鱼龙和蛇颈龙等水生哺乳动物则只是将卵产在体内，在孵化过程中，胎儿所需的营养来自卵中卵黄，而不是母亲提供。所以，这种看起来像胎生、实际上是卵生的现象叫作"假胎生"或者叫作"卵胎生"。所以，水生爬行动物在卵胎生的过程中并不生产带硬壳的卵，当然就更不存在卵壳太厚而胚胎孵化后出不来的情况。这张照片是在德国发现的一件鱼龙化石，我们可以看到有一条小鱼龙正从母亲的肚子里面出来，图中可以清晰

翼龙蛋孵化小翼龙——引自汪筱林，2017（赵闯绘）

看出小鱼龙尾巴先出来的。小鱼龙离开母体后，要做的第一件事就是冲到海面上呼吸第一口空气。可是不幸的是，这条小鱼龙的头还没有完全出来，就和母亲一起被海底的"泥石流"掩埋了。从化石上可以看出，鱼龙是在母亲体内孵化的，那么生产的卵肯定没有硬壳！可是，不产硬壳的鱼龙、蛇颈龙也都在白垩纪末期灭绝了。这个现象充分说明了恐龙蛋壳变厚造成小恐龙孵化不出来，最终导致恐龙灭绝的假说不成立。

正在生产的鱼龙——图片来自《恐龙丛书》，光明日报出版社，1995

# 陆地漂移导致气候变化

通过对化石的研究，现在科学界已经证明在恐龙时代的最后几百万年的时间里，陆地上的气候季节性明显增强，出现了寒冷的冬天和炎热的夏天的交替，尤其在高纬度地区这一现象更加明显。1986年，在北极圈内的白垩纪地层中发现了大量鸭嘴龙类和角龙类以及肉食性恐龙的牙齿化石，根据伴生的植物化石来分析当时那里的最高温度平均12℃，最低温度才2-4℃。

大陆漂移学说提出来以后，人们认识到地球上的大陆是不断漂浮移动的，所以大陆的地理位置也在不断变化着。在地球的历史上，大陆曾经五次聚合在一起，然后再分开。地球上的大陆最后一次聚合发生在2.5亿年前的古生代末期，被称为超级大陆。超级大陆形成的时候，地球上发生了地质历史时期中最大的一次生物灭绝事件——二叠纪生物大灭绝。全球大陆聚集在一起，海岸线减少，是陆地腹地由于缺水而气候环境变得十分恶劣，这也被认为是二叠纪末期生物大灭绝的一个重要因素。恐龙是在二叠纪末期这次大灭绝之后出现的。在恐龙时代初期，超级大陆刚刚开始解体，但还没有完全分开，恐龙出现后迅速分布到各个大陆上去。当时，这个超级大陆处在地球中部，横跨赤道。因此，热带、亚热带地区在大陆上占据的面积比较大，温暖潮湿的气候遍及所有大陆。在这种舒适的环境中，恐龙在各个大陆上蓬勃地繁衍生息。但是，进入侏罗纪以后，超级大陆解体速度加快，到了白垩纪末期已经接近现在的位置。大陆位置的变化导致了大陆上气候的变化，大陆越漂越开，离开赤道越来越远，气候就逐渐变冷。气候的变化最终造成了恐龙的灭绝。

但是，通过对美国阿拉斯加州和澳大利亚南部的维多利亚州发现恐龙化石地点的地理位置的复原发现，当时恐龙生活的时候，这些地区就已经位于北极圈、南极圈附近。因此，有

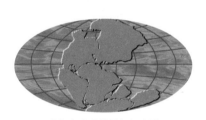

恐龙出现以前的超级大陆

恐龙时代的大陆

现在的大陆

大陆漂移图

科学家推测，由于大陆位置的变化是缓慢的，慢到恐龙有足够的时间去适应这些慢慢变化了的环境。比如，现在发现了很多恐龙身上都长出了羽毛。而羽毛最初的出现就是应对防寒保暖的一种自我适应。也许随着大陆的漂移，气候逐渐变冷，变干燥。那些"不愿意"改变自己的恐龙也有足够的时间迁徙到温暖湿润的地方。可能会有个别物种灭绝，但是不会因为适应不了这样变化的环境而导致整个恐龙家族集群灭绝。

另外，大陆漂移说对海洋动物的大范围消亡也解释不通，因为即使大陆在漂移，海洋始终连在一起。

# 恐龙被自己排泄的气体灭绝

近年来，科学家在南极地区发现臭氧层空洞。据分析，这是由于地球上环境污染造成的对臭氧层的破坏。臭氧层是地球的一层保护膜，可以阻挡绝大部分太阳发出的紫外线。如果这些紫外线直接照在人类或者动物的皮肤上，会造成皮肤癌和青光眼等疾病，给动物带来灾难。进行光合作用的植物类群，也会由于强烈的宇宙射线而无法生存。

科学家通过对恐龙的牙齿的详细研究发现，无论是吃肉的还是吃植物的恐龙，它们的牙齿的咀嚼能力和哺乳动物比起来差得很远。我们熟悉的哺乳动物，特别

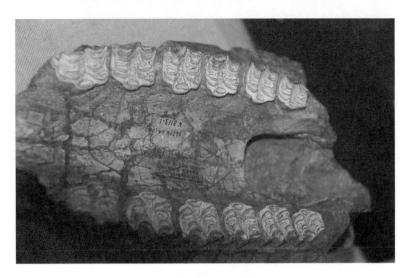

哺乳动物牙齿完善的
咀嚼面

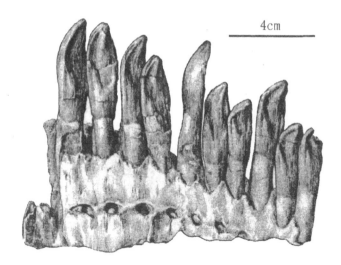

4cm

食植物恐龙（马门溪龙）的牙齿

恐龙体内的胃石

是草食动物的牙齿有着很好地分类，分为门齿、犬齿、前臼齿和臼齿，它们属于异型齿。特别是臼齿的齿冠，都有一个很耐磨的平面，用于对食物在下咽之前的反复咀嚼。恐龙的牙齿就没有这么完善的咀嚼面。所以，科学家推断很多恐龙进食时，只能把食物简单地咬碎，囫囵吞咽。没有得到充分咀嚼、研磨的食物进入到胃里面，会造成消化不良。对于那些长脖子的蜥脚类恐龙，有的科学家推测它们长长的食道也具有一定的消化能力。尽管如此，恐龙的消化能力还是远不如哺乳动物。

于是，很多恐龙都吞下一些石子到胃里，帮助消化。在全世界范围出土的很多完整骨架化石的胃部都发现了胃石。最著名的就是在美国新墨西哥州侏罗纪地层中发现的一条梁龙的肋骨间找到了230颗胃石！（刚被发现的时候，这条蜥脚类恐龙被鉴定为地震龙，后来科学家发现地震龙实际上就是梁龙）。在我国的辽西地区，在很多完整的鹦鹉嘴龙和尾羽龙的完整骨架化石的胃部都发现有一团石子，石子的直径在1-2厘米左右，具有一定的磨圆。科学家推测这些磨圆的石子都是胃石，恐龙吃的食物不是特别容易消化，要靠胃石来帮忙。也是据此，推测当时恐龙吃的食物主要是裸子植物和蕨类植物的叶子，消化得并不完全充分，出现消化不良的现象，在消化过程中可能产生许多气体，它们只能排放出体外，而恐龙排泄的这些气体中含有

咕噜噜……

恐龙消化不良

恐龙排出气体

大量的甲烷。这些甲烷升到空中，就消耗空气中的氧气，从而破坏了臭氧层，真可谓"臭气熏天"！地球表面没有了臭氧层的保护，使得太阳紫外线直射到地球上，造成包括恐龙在内的动物的灭亡。

# 小行星撞击

　　小行星撞击导致恐龙灭绝是目前证据最多，得到最多支持的假说，这个假说最早是由美国加州大学的一对父子科学家首先提出来。美国加州大学的这对儿父子姓阿尔瓦雷茨（Alvarez），父亲叫路易斯·沃尔特·阿尔瓦雷茨，儿子就叫沃尔特·阿尔瓦雷茨，他们是美籍西班牙人。一提起阿尔瓦雷茨，大家可能会想到阿尔瓦雷茨龙，这是一类和鸟很接近的小型食肉类恐龙。但是，阿尔瓦雷茨龙是为了纪念阿根廷的一位历史学家唐·格雷戈里奥·阿尔瓦雷茨（Don Gregorio Alvarez），和这里提到的阿尔瓦雷茨父子没有关系。1978年，阿尔瓦雷茨父子带领学校的考察队到意大利古比奥（Gubio）、法国比达尔特（Bidart）、丹麦的斯蒂文斯克林特（Stevns Klint）地区考察白垩纪/古近纪（K/Pg）界线的时候，界线上的一层2厘米厚的红色黏土引起了他们的注意。经检测发现这层红色黏土中一种金属铱元素的含量超出地球上平均值30多倍!金属铱是地壳中的稀有元素，一般都来自陨石，还有很少的一部分来自于地核的火山喷发。这么高含量的铱元素，自然使人想到是来自于地球之外的天体，估计这一天体直径在10公里左右，应该是颗小行星，于6600万年以前撞到了地球上。这层红

意大利古比奥地区地层——硬币中所在黑色岩层就是铱黏土层——引自 *The Earth through time*

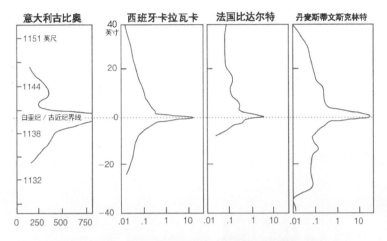

意大利古比奥　　西班牙卡拉瓦卡　　法国比达尔特　　丹麦斯蒂文斯克林特

白垩纪/古近纪界线处的铱异常。图中的曲线表示金属铱的含量，越向右越多。图中显示在四个地方的地层剖面中在白垩纪和古近纪地层界线的地方金属铱的含量呈峰值显示
—— 引自 *Dinosauria* by Weishampel et al.,2004

美国西部中生代新生代界限　　　　　　　　采集自美国西部的铱黏土样本

色黏土被称为"铱黏土"。科学家估计：小行星爆炸后的尘埃顺着大气层覆盖了全球，慢慢沉积下来形成了黏土岩。黏土岩被认为是最细小的尘埃颗粒沉积后形成的碎屑岩。除了黏土岩以外，碎屑岩根据沉积颗粒的粗细，从细到粗，分别为：泥岩、粉砂岩、细砂岩、中粒砂岩、粗砂岩、砾岩、角砾岩等。黏土岩由于颗粒很细，无论是在空气中还是水中，这些很细的颗粒都要飘浮很长时间，在特别安静的环境中才能够沉积下来。

　　后来，在全世界其他地区的白垩纪末期的地层内都发现了这层"铱黏土"，还包括：整个欧洲、北美洲、南美洲东部和非洲西部的大西洋里面，以及新西兰等地。到目前为止，在全球范围有百余处发现了这一异常。这层铱黏土正好是中生代和新生代的界线。于是，科学家就把目光转向了空中，推测这层铱黏土是来

自于撞击地球的小行星，这颗小小行星富含金属铱。

其次，在这些铱黏土产地中，人们还发现有特殊微观结构的石英颗粒——冲击石英，或撞击石英，而这种结构在实验室内用高速轰击石英晶体才能形成。在人们进行的地下核试验场地也发现了这种特殊结构的石英。科学家推测，这种结构只有天外来的小行星撞击地球后形成的。

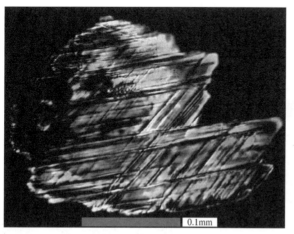

冲击石英结构——引自 DINOSAURS the textbook（Second Edition）by, Lucas,1997；

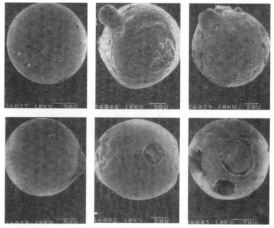

天体撞击形成的微球粒——引自付国民、张景华，1988

在铱黏土地层中，科学家还发现了很多"微球粒"。球粒的大小一般为0.1-1毫米，呈现泪滴状、蝌蚪状或其他溅射物形态。科学家推测，这些微球粒的形成可能是强烈撞击后，尘土中或者地表岩石中的一些矿物在高温、高压下呈熔融状态并被抛洒到空中、再次沉积下来的矿物形态。所以，在地层中在没有明显火山喷发的情况下是地外天体撞击的一种标志。

既然这层铱黏土来自天外，那么这颗小行星与地球撞击的时候就应该留下一个巨大的陨石坑！科学家一直在寻找。1990年，一个美国研究小组报道，他们在墨西哥湾尤卡坦半岛西北部一个叫作"希克苏鲁伯"的

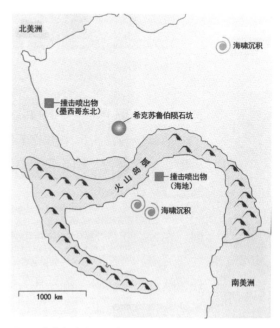

墨西哥尤卡坦半岛陨石坑周围——引自Lucas 1995

地方发现了一个圆形大坑，直径达到180千米！在这个大坑的下面有一层熔化过的岩石，经过测算这层融化过得岩石的年龄是6600万年，正好位于白垩纪和古近纪的界线上，这层熔化了的岩石中富含金属铱。在熔化的岩石上面有很多分选很好地岩石碎块，很容易能够判断出，这些碎块是地壳受到撞击后形成的碎片又落回到附近的地方形成的构造。另外，在西大西洋和墨西哥湾南部还发现有潮汐沉积，其年代与"希克苏鲁伯大坑"是同时代的。科学家推断这种潮汐沉积是小行星撞击后形成的海啸造成的。在海地和墨西哥东部地区发现了很多"希克苏鲁伯大坑"中喷出的物质的沉积碎片，这些沉积中有很多矿物晶体，其中有被撞击形成的"冲击结构"，以及一些微球粒结构。以上这些证据证明"希克苏鲁伯大坑"就是一个陨石坑！科学家将这个陨石大坑称为"希克苏鲁伯陨石坑"。

墨西哥尤卡坦半岛的"希克苏鲁伯陨石坑"

巴林杰陨石坑

另外，在希克苏鲁伯陨石坑周围的白垩纪末期的沉积中有很多硬石膏，即硫酸钙矿物。科学家认为，小行星撞击时，释放出的大量的硫在地层中形成硫酸盐岩了撞击时硫还被释放到空气中，形成硫酸型酸雨。同时，小行星撞击时的尘埃会立刻充斥到大气中，遮挡阳光，阻断植物的光合作用，同时降低大气的温度，使地球温度骤降，形成冰天雪地的气候，地球形成"核冬天"。

1990年，苏联学者宣称在西伯利亚北极圈内的地方发现了一个直径100千米的陨石坑，年代距今6600万年。

世界上已知最著名的陨石坑，是美国亚利桑那州发现的一个陨石坑，叫作巴林杰陨石坑。这个陨石坑和月亮上的环形山一样，明显是天体撞击的结果。巴林杰陨石坑直径1264米，深174米，坑的内壁笔直陡峭。科学家推算是2万到5万年前一颗30万吨的陨石撞入地球形成的。这个陨石坑与恐龙灭绝没什么关系，只是证明天体与地球相撞在地球历史中也时有发生。

天体撞击造成恐龙灭绝的假说应运而生。20世纪90年代初期发生的彗星撞击木星事件更加引起人们对天体撞击地球理论的重视。

根据上述证据，科学家描述了当时给地球大部分生物造成灭顶之灾的悲惨而壮观的景象：

6600万年前，有一颗小行星进入地球的引力范围，闯入大气层，受大气层的摩擦产生高温并分裂成几块撞到地球上，其中一块撞在意大利南部，另一块大的撞到了墨西哥湾尤卡坦半岛的希克苏鲁伯地区，形成大爆炸，尘埃冲天而起，迅

小行星接近地球

小行星撞击地球

陨石雨

森林大火烧死恐龙

尘埃冲天而起

尘埃冲入大气层

尘埃弥漫全球

尘埃遮天蔽日

尘埃落定，恐龙灭亡

速弥漫大气层。同时，引起森林大火，烧死了很多包括恐龙在内的动植物。然而，造成整个恐龙家族灭亡的并不是这场森林大火，而是小行星爆炸后的尘埃。尘埃遮天蔽日，阻挡阳光，大量植物由于没有光合作用而死亡。大量的以植物为食的恐龙由于没有食物，又没有阳光的温暖，由于饥寒交迫而死亡。吃肉的恐龙也就随之消失了，核冬天给恐龙带来了灭顶之灾，恐龙时代宣告结束。

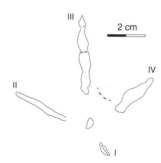

广州古近纪鸟类和骸和足迹化石——引自王敏等，2012及Xing et al.,2014

推测广州始新世苍鹭形态

目前，小行星撞击的假说得到了很多科学家的支持。但是，还有些疑问尚待解决。

首先，这次灭绝是有选择的：在陆地上，恐龙灭绝了，但是，在恐龙夹缝中苦苦挣扎，挨过了大部分中生代的哺乳动物没有灭绝；同属于爬行动物的龟鳖类、鳄鱼类、蛇和蜥蜴在白垩纪/古近纪界线上没有什么变化；另外小小的昆虫一直繁盛至今，一直是世界上种类最多的动物群。

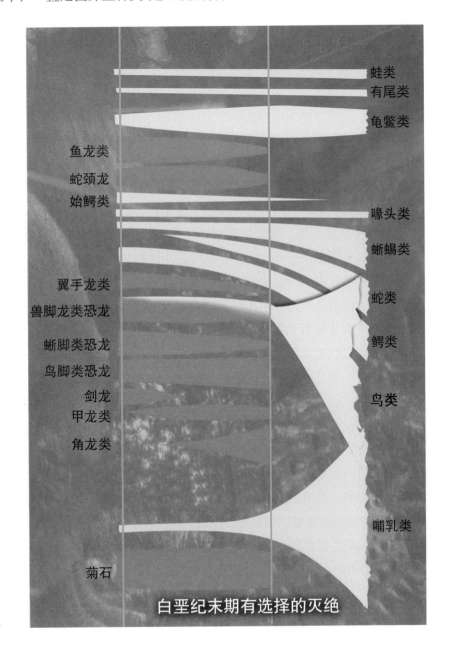

选择性的灭绝

翼龙类灭绝了,而鸟类却仍能继续飞翔。在广州附近的三水盆地的始新世早期的地层中发现了鸟类骨骼化石和足迹化石。

在海洋中,鱼龙、蛇颈龙、沧龙等海生爬行动物以及无脊椎动物中在海洋中从泥盆纪就开始繁衍生息,直到将近3亿年后的菊石类灭绝。而海洋中的鱼类,特别是软骨鱼类,虽然在种类上有些变化,但是在总体面貌上没什么变化。

在美国西部白垩纪晚期的沉积中有一个很著名的地层叫作"地狱溪组"(Hell Creek Formation)。是白垩纪最末期的沉积岩,在顶部的界线处有一层富含金属铱的岩层。地狱溪组在河流中形成的一套淡水沉积,其中发现了很多著名的恐龙,比如霸王龙、三角龙、甲龙、肿头龙、开角龙、鸭嘴龙等,以及世界上最大翼龙——风神翼龙等,甚至还有早期的灵长类哺乳动物。这些动物都生活在陆地上,同时,在地狱溪组的淡水沉积中还发现了板鳃类等软骨鱼化石。板鳃类软骨鱼是海洋中的物种,这表明地狱溪组沉积时离海水不远,时不时有海水"倒灌"到河流的沉积中。在地狱溪组下面就是滨海沉积。从滨海到河流的变化说明海水减少了,在地质名词中叫作"海退"。美国西部的岩层清楚地记录了这次海退:地狱溪组是白垩纪最晚期的陆相沉积,说明白垩纪末期和新生代来临的时候,在北美西部发生了海退。在地狱溪组中下部还能有一些海洋中的生物。而到了上部,特别是界线以下5米的岩层中,一点儿软骨鱼化石都没有了,也就是说一点海洋的痕迹都没有了!这说明到了白垩纪结束的时候,海水已经离得很远了。在地狱溪组上部就是古近纪的地层叫作"郁金香组"!令人奇怪的是,在郁金香组的中部又发现了软骨鱼类化石!这说明在白垩纪/古近纪界线处的地狱溪组没有软骨鱼并不是软骨鱼跟着恐龙一起灭绝了,而是由于远离海洋,沉积中就没有了软骨鱼化石。可是在郁金香组沉积的时候,海水又回来了,软骨鱼类根本就没有灭绝!

在北美或者欧洲,铱黏土层分布广泛,是小行星撞击假说的重要证据。假设这一事件是真实的,那么在这层铱黏土附近应该有大量的恐龙化石。可是,上面提到的地狱溪组内发现的恐龙化石均在这层铱黏土层之下10米左右的地方,有的甚至在达50米以下,最近的也有3米的深度!而这3到10米的深度是需要几十万年甚至上百万年的时间才能够沉积形成。也就是说,在小行星撞击之前几十万年,甚至上百万年的时候,很多恐龙已经灭亡了!这样看来,即使小行星撞击的事件发生过,那么恐龙的灭绝也和小行星撞击无关!

# 火山喷发假说

　　小行星撞击说提出以后，得到了世界上很多科学家的支持。但是，仍有上述一些现象解释不通。到目前为止，全世界已经在150个白垩纪/古近纪界线的出露地点发现了铱异常。可是，这么多铱异常的时间并不一致，有的地方铱异常的时间长达几万年甚至十万年！这么长时间的铱异常用小行星撞击这种短时或者瞬间的假说来解释确实有点牵强。什么样的灰尘能够在空中飘浮十几万年？十几万年的时间里总会有不断的风雨雷电，早就把这点宇宙尘埃涤荡得灰飞烟灭。另外，在1983年夏威夷的基拉韦厄火山的喷发中，科学家也发现了铱异常富集的现象火山的断续喷发可以持续很长时间，十几万年的时间也是常有的事。科学家又对这种铱异常来自地外天体撞击的假说提出了怀疑，很多科学家根据这个现象指出：即使小行星撞击的假说有很多证据支持，但是白垩纪末期的大灾难至少应该有火山的参与。法国火山学家就提出：火山喷发时，岩浆也能把金属铱带到地表。同时，间歇火山的间歇性喷发可以解释好几层铱黏土的现象。

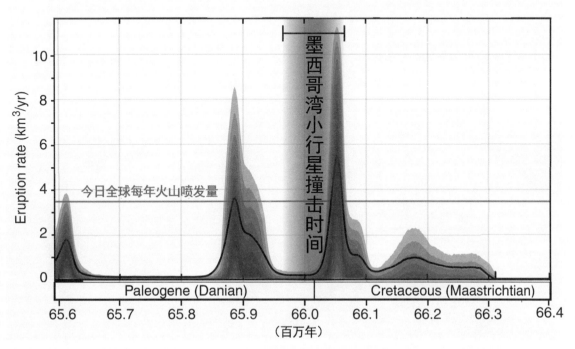

印度德干高原火山喷发的时间和规模——引自 Schoene et al., 2019

众所周知，印度的德干高原是由玄武岩组成的，玄武岩的面积达到50万平方千米，厚度达到3千米，其喷发年代就在白垩纪末期。很多科学家早就注意到了在白垩纪末期这个大规模的火山喷发了。2019年在世界顶尖刊物发表的两篇关于印度高原火山喷发的论文，其中一篇是美国、瑞士和印度科学家组成的研究团队完成的。他们利用"铀－铅同位素测年法"对印度德干高原玄武岩进行了高精度测年。最后发现：德干高原的火山从6630万年前就开始喷发，一直到6560万年前才结束，前后持续了70万年的时间。经过仔细研究还发现，德干高原的两次最大规模的火山喷发都发生在白垩纪结束前后！在白垩纪结束之前几万年的喷发是德干高原最大规模的喷发，达到每年10立方千米，而现在全世界每年的火山喷发总和还不足4立方千米！就在德干高原的最大规模的火山喷发之后不久，大概一两万年的时间之后，那颗直径10千米的小行星撞入墨西哥湾的尤卡坦地区，环境再度恶化，恐龙灭绝，白垩纪结束。

根据这一发现，科学家推测印度德干高原的火山喷发的火山灰也可以顺着大气层弥漫全球，而且可以造成持续万年以上空气严重污染，导致了地球环境的

火山喷发——引自《地理博物馆》崔振华主编，1995

极度破坏。恐龙正在奄奄一息的时候，一颗小行星的撞击，造成了本来就不堪环境重负的恐龙的灭亡！火山科学家承认小行星的撞击，但是，小行星只是"压死恐龙的最后一根稻草"，使恐龙灭绝的是火山喷发和小行星撞击携手合作的结果。伴随着火山的喷发，还有许多气体尘埃喷向空中，包括大量的铱粉尘和浓厚的二氧化碳，使海洋酸化，破坏了海洋的生态平衡，同时也造成了很多大型海洋生物，包括蛇颈龙、鱼龙、沧龙、菊石等的灭绝。

我国科学家也曾经为研究恐龙灭绝的原因而进行过大量的研究工作。其中最主要的工作就是在白垩纪和古近纪的地层界线上寻找富集的铱黏土层。然而始终没有在我国白垩纪和古近纪的界线上发现像北美洲和欧洲那样的铱富集岩层。在白垩纪末期，我国只有台湾和西藏地区还维持着海洋环境。但是当时西藏地区的海水已经比较浅了，而到了白垩纪末期在西藏甚至有很多地方的海水已经干涸，出现陆地环境。而此时全国大部分地区都是陆地环境，岩层都是在湖泊和河流中沉积的。这对沉积空中飘浮的铱并形成铱黏土层不是很有利，因为陆地上的湖泊，不像海洋那样宽广连续，即使陆地上沉积了铱黏土，也会很快被风化。在我国黑龙江的嘉荫地区和广东的南雄地区有连续的白垩纪末期和古近纪早期的地层，是研究恐龙灭绝的理想区域。

黑龙江省的嘉荫地区是中国最早发现恐龙的地方，但是那里发现的恐龙却是恐龙时代最后时期的恐龙。由于恐龙灭绝以后的古近纪早期地层也比较齐全。进入21世纪以来，以孙革教授为首的中外科学家在嘉荫地区做了大量的科研工作，特别是对界线附近的古生物化石和地层进行了全面而仔细的研究，还通过钻孔在白垩纪/古近纪的界线附近发现了多层火山物质。最新研究表明，黑龙江嘉荫及周边地区的地层内不存在铱黏土及其他天体撞击地球的证据；可以确认的是在晚白垩世中晚期嘉荫地区乃至整个东北地区曾出现过4-5次大规模的火山活动！科学家认为，嘉荫地区的恐龙消亡极有可能是火山活动造成的。所以，中国的研究证据更支持火山喷发造成环境破坏，导致恐龙灭亡的假说。

意大利著名物理学家安东尼奥-齐基基也曾经提出，造成恐龙大绝灭的原因很可能是大规模的海底火山爆发。他认为在白垩纪末期，海底发生了一系列大规模的火山爆发，从而使海水温度升高。海水温度的升高又引起了陆地气候的变化，影响了陆地植物的生长，恐龙等动物的生存就受到影响。

这个理论没有什么直接的证据。但是他举例说，格陵兰过去曾经生长着茂密的植被，但是当全球的海洋水温平衡变化后，寒冷的洋流改变流向后经

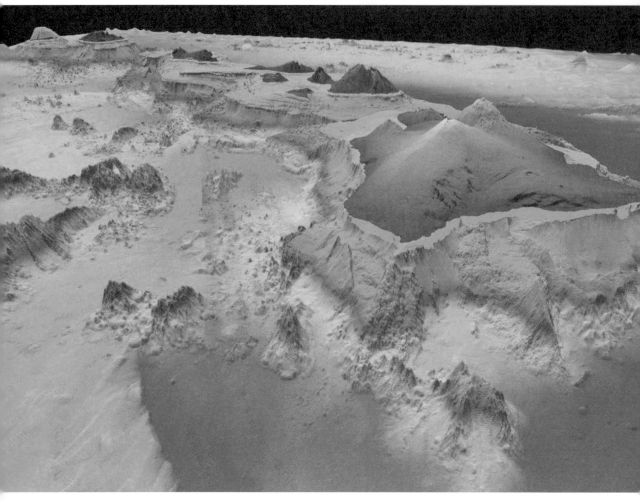

海底火山喷发形成的夏威夷群岛——图片来自网络

过了格陵兰，这个大大的岛屿从此变成了冰雪覆盖的大地，这是海洋水温平衡变化对气候产生巨大影响的一个典型实例。海底火山活动是影响海洋水温平衡变化的一个重要因素。齐基基教授认为应该将海底火山的大规模爆发引起的海洋水温平衡变化作为研究恐龙绝灭的一个重要参考因素。

# 恐龙灭绝于瘟疫

　　2020年的新冠病毒肆虐全球，给人类的健康带来了严重危害。很多科学家由此联想到了恐龙灭绝的原因。目前关于恐龙绝灭的假说多强调了外因的作用，如小行星撞击、大规模火山爆发、气候巨变等等，这些外因论最无法回答的问题就是，为何有许多与恐龙同时代的生物种类没有灭绝？这次灭绝是有选择的。这种情况使得一些科学家考虑，造成恐龙灭绝更直接的原因恐怕还是恐龙自身的问题，比如说，大多数恐龙的巨大身躯与冷血的性质很可能与它们的灭绝有关。

　　对一般生物而言，新出现的烈性传染病很可能是造成灭亡的重要原因之一。当野生动物遇到类似的病魔时对其种群的灾难性破坏就是不可避免的。从这个角度来考虑，恐龙绝灭于烈性传染性疾病的可能性是存在的。由于微生物的变异很快，而恐龙自己的免疫系统又不能及时适应这种变化。面对病原生物的威胁，动物的抗感染能力对其存亡是至关重要的。特异性的免疫系统是动物进化到脊椎动物以后才出现的新的功能系统，直到哺乳动物和鸟类才达到较为完善的程度。

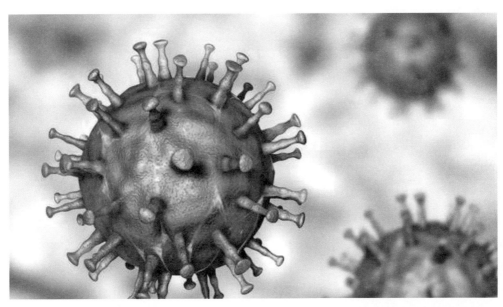

2020新冠病毒模型——图片来自网络

虽然目前还无法直接了解恐龙的免疫系统功能状况，但是通过比较生物学的方法，科学家还是可以推测相关情况。乌龟、蜥蜴等与恐龙同属于爬行类的现代动物的免疫系统是很不完善的，而鸟类的免疫功能则大大强于爬行类。另外，爬行动物的冷血性质在某种程度上也限制了免疫细胞的增殖速度，因此它们很难抵御不同病毒的侵袭。

作为已经绝灭的爬行动物的典型代表，恐龙的免疫系统应该也是不太完善的，如果在它们天然的防御系统功能并不强大的情况下，再遭遇到其防御系统无法克制的病原生物的侵袭，后果肯定不堪设想。因此，有些科学家推测，在白垩纪末期，由于某种原因形成病毒的变异，造成了疾病大流行，恐龙等大量免疫系统不完善的动物因无法抵御而灭绝了。冷血动物中只有一些天然防御系统强化的种类得以渡过这场劫难，而温血的鸟类和哺乳类则因为拥有了较完善而高效的免疫系统就更容易避免厄运，并借此在后来的新生代脱颖而出，成为地球上新的主导动物。我们人类也经常碰到病毒变异引起疾病的例子，2003年的"非典"病毒就是一种过去已有的感冒病毒的变异。2020年侵扰人类的新型冠状病毒也终将能找到防治的办法。我们人类有聪明的大脑和人类社会特有的法律，最终制止了非典病毒的传播，我们人类也将会制止新冠病毒的传播。我们相信新冠病毒的肆虐终将过去。可是恐龙却无法自我防范，加上它们自身免疫系统的不完善，最终走向了灭亡。

# 太阳伴星假说

太阳伴星假说是美国芝加哥大学的科学家提出来的。1982年，美国芝加哥大学的古生物学家戴维·劳普（David M. Raup）和杰克·塞普科斯基（Jack Sepkoski）在研究绝灭速率时，对地球历史上的化石生物的生存时代进行了统计。他们发现了生物灭绝事件集中在十二个不同的时期，每个时期的间隔平均是2600万年。其中，4.4亿年前的奥陶纪末期、3.75亿年前的泥盆纪晚期、2.5亿年前的二叠纪末期、2.01亿年前的三叠纪末期，以及6600万年前的白垩纪末期发生的集群灭绝是规模比较大的五次。对于恐龙灭绝的原因，美国的阿尔瓦雷茨（Alvares）的同事、物理学家理查德·A·穆勒（Richard A. Muller）也不大同意小行星撞击的理论。1984年，太阳伴星的假说被提出，穆勒指出："银河系中一半以上的恒星都属于双星系统。

如果太阳也属于双星，那么我们就可以很容易解决地球生物周期性灭绝的问题了。可以说，由于太阳伴星的轨道周期性地和小行星带相交，引起流星雨袭击地球。"穆勒还给这个伴星起名叫作："复仇女神"（Nemesis）。这一假说认为，太阳有一个围绕着它旋转的伴星，每隔2000万年到3000万年，这颗伴星就会转到离某大型彗星群很近的位置。这些巨大的彗星受到这个伴星引力的干扰后很可能在太阳系内产生几万次的彗星风暴，其中的一些彗星风暴袭击了地球。因此，地球每隔2600万年到3000万年就会遭到一次洗劫，地球上的生物也就每隔2600万年到3000万年的时间发生一次大的绝灭事件，恐龙的灭绝不过是这种周期性的灭绝中的一次而已。可是到目前为止，不仅地质学家，就连天文学家也没有找到任何关于伴星的证据。如果太阳有伴星的话，为什么始终未被证实。于是人们猜测它可能是既遥远又暗淡的天体，并且有着不大的体积。在1982—1983年，天文学家利用红外干涉测量法，测知离太阳最近的几颗恒星都有小伴星，这种小伴星的质量仅相当于太阳质量的1/15-1/10。此外，在某些双星中，确实还有比这更小的伴星存在着。所以，人们在找寻太阳伴星的证据。

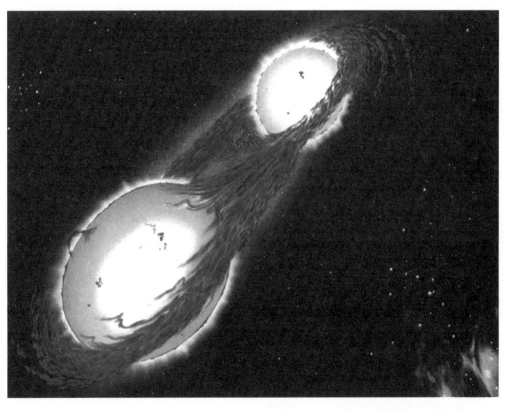

太阳伴星——引自《天文博物馆》崔振华主编，1995

# 其他假说

除了上述一些影响比较大的假说以外，还有一些科学家提出了各种各样的恐龙灭绝的假说。但大多数都因为没有证据，而被人们忘却。

彗星撞击假说是华裔瑞士籍地质学家许靖华教授提出来的。20世纪80年代，他就发表论文，指出恐龙灭绝不是小行星撞击的结果，还出版过《祸从天降，恐龙灭绝之谜》一书。许靖华教授根据深海钻探资料，发现在白垩纪

哈雷彗星——引自《天文博物馆》崔振华主编，1995

末期大气中的二氧化碳含量在4万年的时间里增加了8倍。他认为是由于彗星撞击，对大气造成化学污染：彗星以高速冲入大气层引起大爆炸，彗星物质瞬间化为气体和尘埃，弥漫在大气中。另外，彗星很可能还含有大量的氰化物，造成大量植物死亡。于是，消耗二氧化碳的植物大量减少，使得空气中二氧化碳积聚，含量增高。彗星的高速冲入还会引起大气放电，产生氮的氧化物，形成酸雨，加速植被破坏。

地球大气成分变化假说：现代科学分析使我们了解到，在地球刚刚形成的遥远年代里，空气中基本上没有氧气，二氧化碳的含量却很高。随着海洋中蓝藻的出现，光和细菌开始了光合作用，消耗二氧化碳，制造氧气，逐渐改变了地球上的大气组成。有证据表明，恐龙生活的中生代二氧化碳的浓度很高，而其后的新生代二氧化碳的浓度却较低。这种大气成分的变化很可能引起了中生代末期的那次大灭绝事件。生物都需要在适当的环境里才能够正常生活，环境的变化常常能够导致物种的兴衰。恐龙生活的中生代，大气中的二氧化碳的含量较高，说明恐龙很适应于二氧化碳浓度较高的大气环境。也许只有在那种大气环境中，它们才能很好地生活。当时，尽管哺乳动物也已经出现，但是它们始终没有得到大发展，也许也是由于大气成分以及其环境对哺乳动物并不十分友好，因此它们在中生代一直处于弱小的地位，发展缓慢。随着时间推移，到了白垩纪末，大气环境发生了巨大的变化，二氧化碳的含量降低，氧气的含量增加，恐龙不适应这种变化，在新的环境下，很容易得病，而且疾病会像瘟疫一样蔓延。同时，新的大气环境更适合哺乳动物生存，哺乳动物成为更先进、适应性更强的竞争者。在这两种因素的作用下，恐龙最终灭绝了。而那些孑遗种类则是少数能适应新环境的爬行动物物种。

# 恐龙并没有灭绝

1996年，中国科学家在辽宁北票发现了中华龙鸟，从此羽毛再不是鸟类的"专利"。在这之后，在辽西地区又发现了很多长有羽毛的恐龙，甚至有些恐龙还长了4个翅膀，比如小盗龙！小盗龙化石显示，它不仅仅在前肢上长有长长的羽毛，在后肢上也发现了浓密的羽毛，而且还都是飞羽。科学家推断后肢上的长长的羽毛可能会影响小盗龙在陆地上行走！长羽毛的在离脚比较近的地方，会对陆地行走产生很多羁绊。于是科学家就推断小盗龙应该在树上生活，在树上生儿育女，以捕捉其他小动物为食。当一棵树上的资源消耗尽后，小盗龙就飞到另外一棵树上去继续生活。久而久之，小盗龙的飞翔能力越来越强。

到目前为止，科学家发现了很多飞翔能力很强的恐龙，也发现了很多鸟化石。经过详细对比，科学家发现小型兽脚类恐龙和鸟之间有着千丝万缕的联系。鸟类是小型兽脚类恐龙一步一步演化而来的，进化线越来越清晰了，鸟类和恐龙之间的界线越来越模糊了。

实际上，鸟类起源于恐龙的假说早在19世纪就被提了出来。1868年，达尔文进化论的强力支持者赫胥黎发现一些兽脚类恐龙和大型鸟类的骨骼形态十分相似，于是就提出鸟类起源于恐龙的假说。当时，达尔文的《物种起源》刚刚发表，书中进化论的观点还不被人们所接受，而始祖鸟化石的发现是给生物进化论带来了强有力支持。始祖鸟就是长了羽毛的"秀颌龙"，是达尔文寻找的爬行动物和鸟之间的过渡类型。说来也巧，达尔文的《物种起源》写好后，搁置了很多年，直到1859年才发表。1861年，世界上第一件和第二件始祖鸟化石就被发现了！始祖鸟化石用实实在在证明了爬行动物和鸟类之间的关系。

关于赫胥黎提出"鸟类起源于恐龙"的假说还有一个传说：有一天赫胥黎在吃火鸡的时候，发现火鸡的骨头和他正在研究的恐龙的骨骼化石很相似，于是得到灵感，提出鸟类起源于恐龙的假说。这个传说目前无从考证，不过，可以确定的是，赫胥黎是坚定支持生物进化论的科学家！他对始祖鸟和其他鸟类及当时发

赫胥黎——照片来自网络

现的恐龙十分了解，不至于吃火鸡才发现鸟类的骨骼和恐龙骨骼相似。

达尔文的《物种起源》发表后不久，在德国发现了始祖鸟的羽毛化石和第一件骨骼化石。赫胥黎马上就鼓励达尔文仔细研究一下始祖鸟标本，认为始祖鸟化石证明生物进化的很有力的证据。当时，达尔文的《物种起源》发表以后，学者们发表了许多反对生物进化论的文章和观点，理查德·欧文是其中的领军人物。理查德·欧文就是创建"恐龙"（Dinosauria）名称的科学家，他是当时世界上最著名的学术权威。由于他的带头反对，导致很多人也都不相信"生物进化论"。达尔文发表了《物种起源》以后，发现了很多植物类群之间的进化关系都找不到过渡类型，他正在专心致力于研究植物类群之间的演化，就没有去理会始祖鸟。后来，1868年赫胥黎就自己在《自然历史年鉴杂志》（*Annals and Magazine of Natural History*）上发表了题为《鸟类和爬行动物过渡类型动物研究》的文章，文章中首次提出了"鸟类起源于恐龙"的观点。可是由于当时人们还不太认可生物进化论，所以赫胥黎的这个观点也很少有人关注。实际上，生物进化论提出以后，一直没有被百分之百地接受，直到2002年，我们还能见到美国出版的教科书上提醒人们在阅读"生物进化论"有关章节的时候要谨慎阅读。

1916年，一个名叫海尔曼（Gerhard Heilmann）的科学家发表了一部著作《鸟类的起源》，书中对鸟类骨骼进行了详细描述，并与其他一些相关的爬行动物进行了认真比较。海尔曼指出：所有的爬行动物类群都有可能是鸟类的祖先，包括鳄鱼、翼龙以及许多恐龙类群。但是，与鸟类骨骼形态最相似的兽脚类恐龙最不可能是鸟类的祖先。因为，这些恐龙没有锁骨，而鸟类的叉骨就是由锁骨演化来的！生物在演化过程中，消逝了的器官不会再次出现，这一发现让主张鸟类起源于兽脚类恐龙的学派顿时哑口无言。随后，科学界就在除了兽脚类恐龙以外的爬行动物的其他类群中寻找鸟类的祖先。海尔曼的这部著作影响很大，1916年发表的时候是用丹麦语，1927年被翻译成英语，被更广泛地传播开来。

现在我们知道，大部分兽脚类恐龙是具有锁骨的，而且有的种类已经愈合成叉骨。可是海尔曼为什么得出兽脚类恐龙没有锁骨的结论呢，这个结论使得鸟类起源的研究被误导了五十多年。主要是因为在海尔曼研究期间和他的著作《鸟类的起源》发表后十几年的时间里，当时已经发现的兽脚类恐龙化石都没有发现锁骨或叉骨。世界上第一件在恐龙身上发现的锁骨化石是1936年发现的，这是在美国亚利桑那州早侏罗世的地层中发现一具兽脚类恐龙，科学家命名为斯基龙（Segisaurus）。在它的骨骼化石中科学家就发现了锁骨。可是，当时并没有引起重视，直到1983年，俄罗斯科学家在蒙古的窃蛋龙身上又发现了锁骨！这时，恐龙

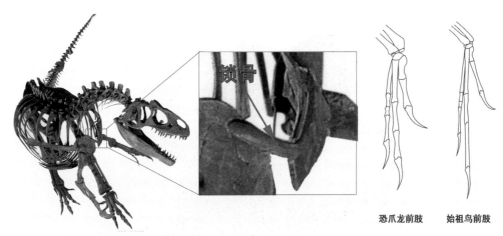

锁骨

恐爪龙前肢　始祖鸟前肢

异特龙骨架显示锁骨

恐 爪 龙 和 始 祖 鸟 前 肢 的 比 较
——引自 *Ostrom*, 1973

有锁骨的事实才在科学界被广泛认知。截至2007年，除了早期的始盗龙和黑瑞拉龙之外，在很多种兽脚类恐龙身上都发现了锁骨，甚至"叉骨"，就连侏罗纪早期的蜥脚类恐龙身上也都有锁骨的存在。锁骨再也不是鸟类和恐龙之间的障碍了！

在"鸟类起源于恐龙"研究的征途中，还有一个里程碑的人物——约翰·奥斯特罗姆（John Ostrom）：1964年，奥斯特罗姆在蒙大拿又发现了一具恐爪龙完整骨架。经过详细研究，奥斯特罗姆发现恐爪龙的骨骼和始祖鸟等早期鸟类的骨骼十分相似。经过详细对比研究恐爪龙、秀颌龙、始祖鸟，以及其他北美和亚洲的兽脚类恐龙，奥斯特罗姆发现恐爪龙的前肢和始祖鸟的前肢骨骼几乎一模一样。奥斯特罗姆论述了兽脚类恐龙在向鸟类演化过程中，这些相关器官的变化趋势，从而首次从理论上论证了鸟类起源于兽脚类恐龙的假说。于是，奥斯特罗姆将沉寂了60多年的"鸟类起源于恐龙"的假说复活！ 20世纪70年代中期，奥斯特罗姆发表了一系列文章论述鸟类和兽脚类恐龙骨骼之间的相似性，并提出至少有一些兽脚类恐龙是热血动物的观点！奥斯特罗姆坚定地认为鸟类的祖先就是兽脚类恐龙！在奥斯特罗姆的带领下，鸟类起源于非鸟兽脚类恐龙的理论被再一次被热议，并获得越来越多人的支持！

1988年，北京自然博物馆在辽宁朝阳地区考察研究鹦鹉嘴龙化石的时候，无意间在当时认为还属于侏罗纪年代的地层中发现了一件保存精美的化石！这件化石的骨骼中空、骨壁很薄，虽然没有发现头骨，但是尾巴已经愈合成了尾综骨！而且，两只后脚上的爪子弯曲、尖锐，这样的爪子是不适合在陆地行走的，只有在树上抓握树枝，才能保留如此尖锐的爪子！这明明白白告诉我们，这是一件鸟化石！

三塔中国鸟的发现者和本书作者（1986年）

　　这一发现非同小可，这是在德国以外地区首次发现的侏罗纪鸟化石！当时，中生代的鸟化石在全世界都屈指可数。很快，这个发现就得到了全世界古生物学家的高度重视。最后由北京自然博物馆研究员饶成刚和美国芝加哥菲尔德自然博物馆的恐龙专家塞里诺博士共同命名为"三塔中国鸟"。三塔中国鸟成了一个导火索，引发了我国辽西地区鸟化石和带羽毛恐龙发现和研究的大高潮！

　　前文中已述详，从20世纪90年代开始，辽西地区的中生代地层中发现了大量的带羽毛的恐龙和真正的鸟类化石，从而将鸟类起源的研究推向了高潮。辽西地区的大量化石清晰地勾勒出恐龙向鸟类发展的进化线。

　　20世纪60年代，分支系统学被引入到生物研究中，并于80年代在恐龙研究中得到应用，至今方兴未艾。所谓"分支系统学"就是强调起源于一个"共同祖先"的生物种类要被分类到同一个类群中，而在同一个类群中的每个物种都应该起源于一个最近共同祖先，用分支系统学的术语就叫作"单系类群"。对于现代鸟类来说，所有的鸟类都起源于一个共同的祖先。这个祖先就是一类兽脚类恐龙！根据分支系统学研究，与鸟类最接近的兽脚类恐龙就是恐爪龙！

　　目前，在如何区别长羽毛的恐龙和鸟类化石的问题中，我们一般把有长长尾椎骨的确定为长羽毛的恐龙，而把那些尾椎骨愈合成尾综骨的确定为鸟类。这样看来，著名的始祖鸟实际上就是长羽毛的恐龙！原始热河鸟也具有很长的尾巴，但是根据其他骨骼的研究，科学家还是将原始热河鸟归入鸟类的范畴。重要的是在原始热河鸟的体内发现了很多植物种子的化石。这说明了在白垩纪早期，原始的鸟类就开始吃植物种子了。

总之，鸟类和恐龙的界线越来越模糊。绝大多数科学家都相信鸟类是从恐龙演化来的，鸟类就是恐龙的后代。如此看来，恐龙是有后代的，它们并没有绝灭。现在我们家中饲养的鸡、鸭、鹅就都是恐龙。我们甚至可以每天能够吃到新鲜的恐龙蛋呢！

关于鸟类起源的问题上还有一类常常被人们混淆的古生物类群，那就是翼龙！"翼"就是翅膀的意思，它又叫"龙"。有些人就想当然地认为"翼龙演化成了鸟类"。实际上，翼龙根本就不是恐龙！翼龙在白垩纪末期灭绝了，没有留下任何后代，鸟类不是翼龙演化来的，翼龙和鸟类一点关系都没有！

那么，作为恐龙的后代，鸟类为什么没有在白垩纪末期的那场大灾难中灭绝而存活至今呢？首先鸟类的个体比较小，它们对自然环境的需求就比较少，我们平时总爱开玩笑说"给点阳光就灿烂"，说的就是这个道理。被尘埃挡住的阳光满足不了大面积森林的光合作用，也就满足不了大型恐龙的温饱问题；而小个体动物，对环境的需求少，透过浓密尘埃的阳光可以满足小型植物的生存，那些小个体动物就不会被饿死。其次，一个更重要的原因就是白垩纪末期的鸟类已经演化成热血动物了，它们身上的羽毛起到了保温作用，在小行星撞击后的尘埃形成的"核冬天"里能够保持自己的体温，挺过了"饥寒交迫"的那段时光，等到尘埃落定、阳光普照大地的那一天。前面我们也曾经提到过和恐龙同时在地球上出现的哺乳动物由于长期受到恐龙的压抑。它们个体也很小，也是恒温动物，体表也有毛发保温，所以也在那场大灾难中存活了下来，道理是一样的。

中生代鸟化石显示浓密羽毛

研究发现，在白垩纪生活在树上的鸟类都在白垩纪末期灭绝了。在白垩纪期间有一类鸟叫作"反鸟"，它们因为肩胛骨和乌喙骨的连接方式与今鸟正好相反，因此得名。反鸟是中生代白垩纪分布最为广泛，种类和数量最为丰富的鸟类，在全世界各个大陆上几乎都有发现，却在晚白垩世末全部绝灭。

　　有证据表明，小行星撞击时曾引起地球上的森林大火。大火也使得生活在森林里面的生物灰飞烟灭。白垩纪时有很多会飞的恐龙和鸟类生活在树上。所以，当小行星撞上来的时候，它们的命运只有灭亡。可是，英国巴斯大学进化古生物学教授丹尼尔·菲尔德（Daniel Field）教授指出"当森林大火烧起来的时候，在树上搭窝的鸟类无论如何也不可能存活下来，但是如果能够在陆地上躲避，就有机会在广阔的、坑坑洼洼的陆地上找到暂时的栖息之所。"科学家通过对鸟类演化历史的研究发现家禽的祖先就是一类不善于树栖生活的走禽。鹬鸵类也是早期进化出来的一类鸟类，它们会飞，但是它们更喜欢在陆地上生活。科学家推测，正是由于鹬鸵的祖先更喜欢陆地生活，才使得它们当时躲开了森林大火，勉强存活下来。总之，6600万年前的那颗小行星给地球带来了巨大的灾难，而一些在陆地上生活的鸟类，在那场大灾难中幸存了下来，才给今天的世界带来了鸟语花香。

地栖鸟类躲避森林大火——引自 S.Milius,2018, How birds avoided mass extinction[J]. Science News. 2018（11）

# 恐龙绝灭以后的世界

恐龙灭绝以后，地球进入新生代，除了鸟类以外，其他的恐龙已经销声匿迹。除了鸟类，存活了下来的生物大多个体较小。其中最重要的就是哺乳动物，它们个体小，恒温，体外有毛发。我们人类就是从这些幸存的小型哺乳动物演化而来的。

# 新生代

开始于恐龙灭绝的6600万年前，一直到现在都属于新生代阶段。新生代被分成三个纪：古近纪、新近纪和第四纪。有些读者还听过"第三纪"这个名词。这是因为在地质科学刚刚开始的时候，科学家把地球历史分成"第一纪、第二纪、第三纪和第四纪"。随着科学发现增多和研究的深入，"第一纪和第二纪"很快就不用了，而被太古代、元古代、古生代和中生代，甚至寒武纪、奥陶纪等"纪"的名称所代替，进而又划分出了"冥古宙、太古宙、元古宙和显生宙"。但是，"第三纪"和"第四纪"的名称一直保留了很长时间，这两个纪组成了显生宙中的"新生代"。随着研究的进一步深入，第三纪又被分成了"老第三纪和新第三纪"。到了20世纪末期的时候，用"古近纪"代替了"老第三纪"，用"新近纪"代替了"新第三纪"。所以，现在"第三纪"虽然不用了，但是现在很多书籍中仍然可以看到。"第四纪"一直沿用至今。

古新世时期，由于大灭绝事件刚刚结束，生物界正处于恢复期，地球到处还是一片荒凉景象。这个时期，地球上的生物很少，化石也发现不多，只有局部地

| 新生代 | 第四纪 | 全新世 | 现代 |
| | | | 1.17万年 |
| | | 更新世 | |
| | | | 258.8万年 |
| | 新近纪 | 上新世 | |
| | | | 533.3万年 |
| | | 中新世 | |
| | | | 2303万年 |
| | 古近纪 | 渐新世 | |
| | | | 3390万年 |
| | | 始新世 | |
| | | | 5600万年 |
| | | 古新世 | |
| | | | 6600万年 |

新生代地质年代表

阶齿兽动物群——引自《生物史图说》北京自然博物馆，1982

区才有个别动物群出现。因此，在古新世内发现的化石就显得比较珍贵，我国广东南雄地区出土了许多以阶齿兽为代表的动物群，引起了世界瞩目。

进入始新世以后，哺乳动物已经"缓过来"了，并迅速辐射性发展。在始新世及以后的地层中留下了大量化石。从化石中我们了解到了哺乳动物各个门类在短时间内的演化历程。

新生代期间，强烈的造山运动导致了现代地貌的形成。由于大陆上升，各种山系形成，形成多种多样的地理环境，全球气候季节变化明显，有时还出现了冰期。中生代占统治地位的裸子植物被百花盛开的被子植物所替代，形成了大量的森林草原环境，为哺乳动物的大发展创造了条件。哺乳动物自始新世以后爆炸式发展，很快成为地球上占统治地位的生物类群，人们又称新生代是哺乳动物和被子植物时代。

# 生活在寒冷地区的大象
## ——猛犸象

　　现在，地球上只有三种大象。可是过去大象的种类十分繁多，样子也千奇百怪。比如在寒冷地区生存的大象身上长有长长的毛，叫作猛犸象，也叫长毛象。猛犸象种类繁多，真正生活在西伯利亚寒冷地区的猛犸象叫作"真猛犸象"。这种象主要生活在寒冷的西伯利亚地区，在我国的东北甚至华北地区都有所发现。它们的个体大小与现代非洲象相差不多。大象牙长而弯曲，最长的象牙可达到5米！还有一个最特别的特征，就是它的身上长有长毛。其实，大家如果仔细看的话，现代的亚洲象和非洲象的身上都有毛，但是稀稀拉拉，猛犸象身上的毛比起现生的象来要长得多而且密得多，长度一般都在10-20厘米左右。所以，也有人管猛犸象叫作长毛象。更令人惊叹得是：由于猛犸象生活在寒冷地区，所以有的猛犸象的化石保存在冻土内。严格地讲，保存在冻土内的猛犸象根本就没有石化。西伯利亚的冻土就像个天然大冰箱，把猛犸象完好地保存了下来，除了骨骼以外还保存了大量的猛犸象的软组织，如肌肉、毛发、皮肤、内脏、眼睛等。苏联科学家曾发现了大量的这样的猛犸象。中国科学家访问苏联时，苏联科学家将一撮猛犸象的皮毛和一个比较完整的头骨送给了北京自然博物馆。

猛犸像复原像

# 象类的演化

　　大象是我们大家都很熟悉的动物，现在东南亚地区和非洲还生活着亚洲象、非洲象和森林象，都是人们十分喜爱的动物。不过，它们是走向灭绝的一类动物的最后代表。在地质历史中，大象曾经是十分繁盛的动物，根据化石统计，已经有400多个种。

　　最早的象出现在始新世，个体才和猪一样大小，体型也和猪差不多，只是腿更粗壮，脚很宽阔，还没有长出长鼻子，叫作始祖象。以前一直认为它是后来发达起来的象的祖先，可是最近的研究结果表明始祖象是从象的进化主线上分化出来的一个分支。

　　在大象的进化主线上，还有一个更加奇特的分支——恐象类。它们的象牙不像一般的象类从上颌长出来，而是从下颌长出来，向下弯曲。不过现在已经灭绝了。

始祖象

恐象

铲齿象头骨化石

　　在中新世时期，有一种大象的下颌变成了铲子的形状，叫作铲齿象。在我国甘肃和政和宁夏同心地区发现了一系列从幼年个体到成年个体的铲齿象头骨化石，清晰地显示了铲齿象的生长过程。

　　象类进化的主线是从乳齿象向真象类的进化，它们的发展方向是，身体迅速增大，长出来长

铲齿象不同年龄的头骨化石

长的象鼻子，从中间向两侧数第二对大门牙逐渐增大，向嘴的外面长出，形成人们熟悉的大象牙。从化石记录来看，大象类应该是从非洲起源的。因为早期的象化石都是在非洲发现的。在非洲的始新世和渐新世早期的地层中有许多古象类化石。可是，在渐新世中期和晚期的地层中象类化石则无影无踪了。后来，在世界各地的中新世地层中又突然大量出现。因此，科学家推测，早期大象在非洲起源，后来向其他地区发展，甚至北美地区也曾经生存过。后来大象在北美地区消失，仅仅分布在亚洲和非洲，最后仅仅剩下亚洲象、非洲象和森林象三个种。

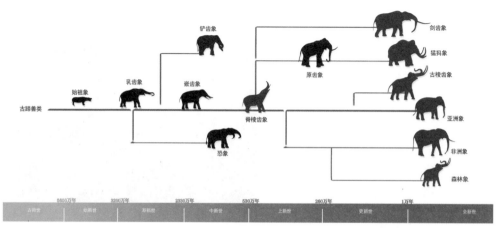

长鼻类演化图

# 黄河象

    1973年，我国西北地区甘肃省合水县正在修理一座水电站，在挖沙子的时候，无意中在河堤的砂壁上发现了一对大象牙，经过专家们的鉴定，这是早已灭绝了的一种叫作剑齿象的大象化石。后由中科院和甘肃省博物馆的科学工作者共同组成了发掘队的细致工作，才使得这只古象"重见天日"。经研究这具古象被命名为"师氏剑齿象"，由于是在黄河边上发现的，俗称"黄河象"。

    黄河象骨架身长8米，高4米，非常雄伟、壮观。它们出土地点在二三十米高的悬崖上，经过几百个人日夜奋战，才把这具埋藏在地下二、三百万年的大象骨架化石运回到北京。黄河象是目前世界上保存最大最完整的大象化石，是大自然留给我们的宝贵财富。

    1974年秋天，在周恩来总理的关怀下，黄河象在北京自然博物馆首次与观众见面。这一消息迅速传遍世界各地，参观的观众都惊叹古代动物世界的奇特，倾听大象默默地诉说着地球的沧桑历史。为了向青少年进行辩证唯物主义教育，全日制小学五年级语文课本选登了《黄河象》文章，作为教材。

    黄河象是研究古地理、古气候，象类进化等的珍贵科学资料。后来受其他国家和地区的邀请，黄河象先后去过新加坡、日本等国家和地区进行展览，均受到热烈欢迎。

黄河象骨架

# 马的演化

　　马是人们十分喜爱的动物，它们利用修长的四条腿奔跑如飞。可是仔细看看它们的四只脚，每只脚上只有一个趾着地，相当于我们人类的中指（趾），着地的马蹄子只相当于我们的指甲盖！露在外面的四条腿相当于我们的小腿部分和前肢的肘部以下，大腿骨和肱骨都"缩回"到身体里面，这样生理结构更有利于它们迅速奔跑。由于化石保存完整，到目前为止，马是科学界研究动物演化规律最确切的一个门类。

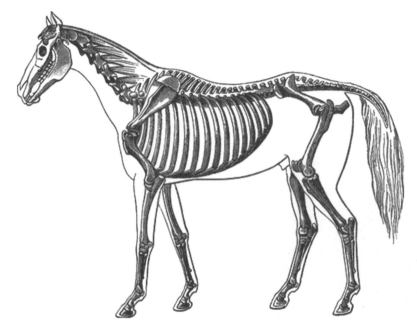

马的骨骼结构图（引自网络拍信Paixin.com）

　　马属于奇蹄类，它们脚上的脚趾是奇数，三个或者一个，有的原始种类有四个。

　　最早的马出现在5500多万年始新世，叫作始马，大小和狐狸差不多，身体结构轻巧，善于奔跑。但是，它们的脊背是弯曲的。四只脚上的脚趾数目还很多，前肢四个趾，后肢三个趾。从动物进化的角度来看，着地的脚趾数目越少，动物奔跑得越快。所以，始马奔跑的速度并不快。

　　后来，始马演化成间马，前后脚的脚趾都是三个，属于三趾马类型，中趾比旁边的脚趾粗，两侧

三趾马的蹄子

的趾的功能越来越小。此后间马又演化成中新马、草原古马，这些马的个体大小和小驴差不多，这时马脚上的两个侧趾功能更加退化。我国常见的三趾马属于草原古马。

到了上新世，出现了上新马，终于演化成了单趾马，个体又有了一些增大。在上新世期间，上新马又进化成了真马，个体又有了很大的增加。进入第四纪以后，真马开始驰骋天下。

马的进化主要是在北美地区完成的，只是期间有三个时期北美和欧亚大陆在白令海峡相连，形成白令陆桥，马通过白令陆桥来到欧亚大陆，在欧亚大陆繁衍。中新世时白令陆桥形成，跑过来一批安琪马；后来又断开了；上新世某时刻又连上了一次，又跑过来一批三趾马。这两类马过来以后，在欧亚大陆发展很快，地层中经常可以见到它们的化石。最后一次连接是整个更新世，这时北美的马已经进化到了真马阶段，这时来到欧亚大陆的马就是真马了。我们现在看到的马都是真马。

通过对马化石的研究，科学家发现马的进化有如下几个趋向，身体增大、脚趾加长、侧趾退化、脚趾数目减少、脊背越来越直，脸部加长。古生物学家最关心的是马的牙面，由于牙齿比较硬，特别容易形成化石，也是古生物学家研究的主要对象。古生物学家注意到，马牙化石的牙面上的脊也是越来越复杂。牙面的变化反映了马的食性，也反映了环境的变换。

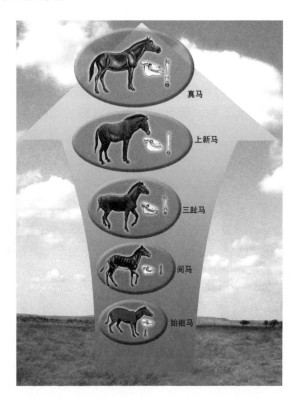

马的进化

# 偶蹄类动物的发展

偶蹄类是和奇蹄类相对应而言的，偶蹄类动物脚上的脚趾是偶数，或者两个，或者四个，而且脚的中轴通过第三和第四趾中间，也就是说，每条腿的重心在第三、第四趾中间。偶蹄类有特殊的距骨，使它们有非凡的跳跃和奔跑能力（偶蹄类的距骨过去常常作为儿童的玩具，俗称"拐"）。

偶蹄类除了骨骼上的特殊性以外，在身体的其他地方也有独到之处。最重要的一点就是：偶蹄类的消化系统十分复杂，可以对食物进行"反刍"。反刍是指进食经过一段时间以后将在胃中半消化的食物返回嘴里进行再次咀嚼。这一功能十分有效：它们可以在有危险的时候抢吃一些食物，然后到达安全的地方后再"慢慢享受，细嚼慢咽"。始新世开始出现草。到了中新世全球气候变得干燥少雨，大量森林消亡，草原占了主导地位。草本身是一种很难消化的食物，而拥有复杂消化系统的偶蹄类动物却能十分有效地对草进行充分消化。于是，在新近纪以后偶蹄动物取代了奇蹄动物的生态位，成为食草动物的主体，种类繁多，甚至有些偶蹄类动物又回到了海里生活，当然，在海里没有草，它们就演化成了食肉动物。偶蹄类演化至今已成为哺乳类中最繁盛的家族之一，现存300余种。根据近年来古生物学和遗传学研究结果，海洋中生活的鲸类也是起源于陆地生活的偶蹄类动物。

现在偶蹄类动物的数目比奇蹄类动物多得多。但是刚刚出现的时候，偶蹄类的数量比奇蹄类要少。从新近纪开始偶蹄类迅速发展，致使现在占据了优势地位。常见的偶蹄类包括牛、羊、猪、骆驼、鹿、长颈鹿、羚羊等，它们的脚都是"两瓣儿"的。所有的反刍动物都是偶蹄类，偶蹄类动物和奇蹄类动物都是从一

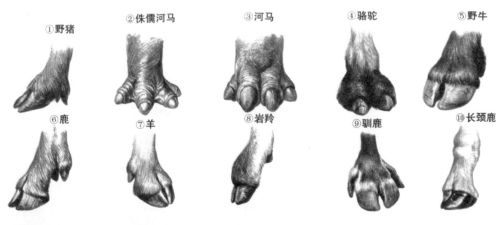

①野猪　②侏儒河马　③河马　④骆驼　⑤野牛　⑥鹿　⑦羊　⑧岩羚　⑨驯鹿　⑩长颈鹿

偶蹄类动物的脚

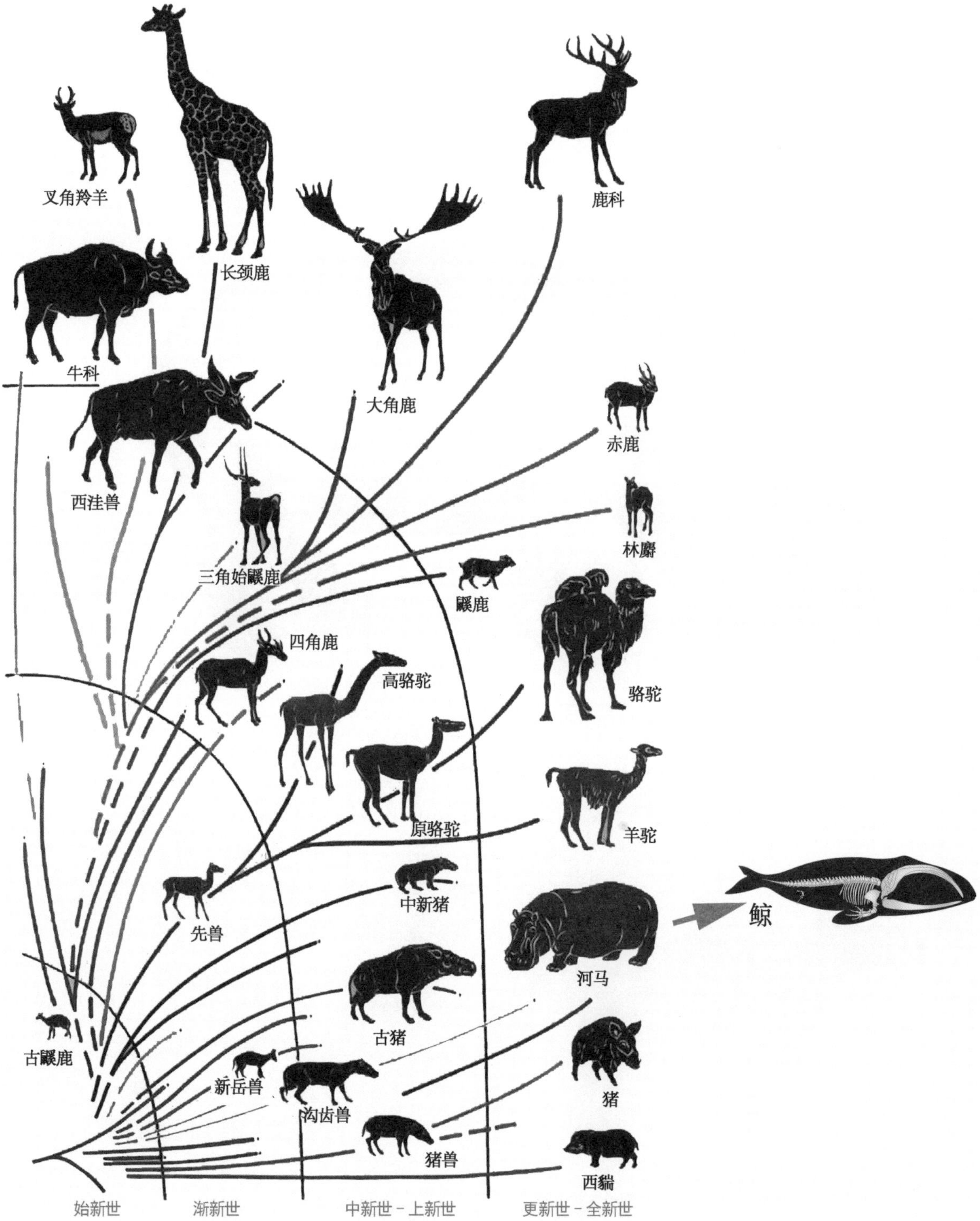
叉角羚羊
长颈鹿
鹿科
牛科
大角鹿
西洼兽
赤鹿
林麝
三角始鼷鹿
鼷鹿
四角鹿
骆驼
高骆驼
原骆驼
羊驼
先兽
中新猪
鲸
河马
古猪
古鼷鹿
新岳兽
沟齿兽
猪
猪兽
西貒
始新世
渐新世
中新世－上新世
更新世－全新世

偶蹄类演化图

类叫作踝节类的动物演化而来的。踝节类的个体很小，牙齿原始，脚上还保留着爪子。踝节类动物在哺乳动物早期的演化中起着相当重要的作用，许多门类的动物都是从踝节类动物演化而来的。

最早的偶蹄类动物出现在5400多万年前的始新世早期，叫作古偶蹄兽。古偶蹄兽个体很小，头骨只有几厘米长。四肢短小，每只脚上有四个趾，是所有后来的其他的偶蹄动物的祖先。很快从古偶蹄兽辐射演化所有其他偶蹄类动物，包括猪形亚目、骆驼亚目和反刍亚目。

河马——引自《世界动物图鉴》朱耀沂（台湾大学）：海豚出版社（北京）1995

猪形亚目最早出现在3300万年前的渐新世早期，它们基本都生活在森林中。人类文明出现以后有的猪就被驯化成了家猪。家猪的祖先是一种叫作亚洲猪的偶蹄类动物。憨厚的河马也属于猪形类动物，河马的祖先叫石炭兽，出现在4000多万年前的始新世中期。180万年前的更新世时期，河马广泛分布在欧亚大陆和非洲，现在它们的生活范围大大缩小了，已经属于濒危动物。

骆驼最早出现在北美，2400万年前的上新世末期，骆驼从北美向南美和欧亚大陆发展并来到了我国，它们的脚上长出宽阔的肉垫，特别适合在沙漠中行走，有"沙漠之舟"的美誉。

古鼷鹿——网络图片

| | | | | |
|---|---|---|---|---|
| 螺角山羊 | 盘羊 | 瞪羚 | 小扭角羚 | 水羚 |
| 赤鹿 | 驯鹿 | 梅花鹿 | 麋鹿 | 大角鹿 |
| 非洲弯角牛 | 牦牛 | 垂角牛 | 非洲长角牛 | 非洲大角牛 |

各种偶蹄类的角

反刍类是偶蹄类动物中最多的一类，最早出现在3700多万年前的晚始新世，化石发现在我国内蒙古，叫作古鼷鹿，只有现代的兔子那么大小，没有角，四肢比较长，脊背弯曲，尾巴很长。古鼷鹿后来演变成现在常见的鹿类，雄鹿的头上还长出了各种形状的角。

在由古鼷鹿向现代鹿类演化的漫长岁月里，在2000多万年前的中新世时期分支出长颈鹿类，一直发展到现在的体型高大的长颈鹿。山西兽就是在长颈鹿进化过程中的一个过渡类型，只不过当时还没有现在长颈鹿那么长的脖子。

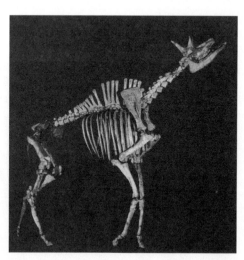

古长颈鹿化石

牛羊类是最先进的偶蹄类动物，最早出现在2000多万年前的中新世时期，后来演化出许多种类，分布范围很广泛。除了家养的牛羊以外，在非洲广泛分布的各种各样的羚羊都属于偶蹄类的范畴。

# 食肉类的进化

人们认识食肉动物就是从狮子、老虎开始的。在科学上狮子、老虎、豹子等食肉动物属于哺乳动物纲食肉目。它们共同的特点是牙齿完全特化适应于食肉，门齿强大可以咬住猎物，犬齿匕首状，颊齿变成片状，上下颌的颊齿相互作用就像剪刀一样，可以把肉切成小片，这种特殊的牙齿有一个特殊的名字，叫作裂齿。

最原始的食肉目出现在5700多万年前的古新世晚期的北美大陆，叫作细齿兽。科学家对细齿兽的起源研究得还不是很透彻，推测可能起源于白垩纪晚期的食虫类动物。在3000多万年前的晚始新世到早渐新世期间突然繁盛起来，并演化出了许多分支。主要包括三大类：狗形类、猫形类和鳍脚类（海生食肉类）。

剑齿虎头骨化石

最早的狗类叫作指狗，生活在3400万年前的始新世末期和渐新世早期。后来经过迅速地演化，出现了各种各样的狗、狼、狐狸以及熊类。野狗是人类最好的伴侣，它们很快成为第一批家养动物。

我国特有珍稀动物大熊猫也是狗形类动物家族里的成员。它们是在2000多万年前由熊类的祖先演变而来的，最早的熊猫化石是在我国云南禄丰地区的1000多

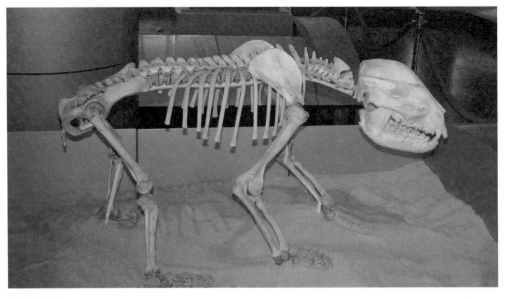

大熊猫骨架

万年前的中新世晚期的地层中找到的。到了200多万年前的更新世时期，熊猫在亚洲广泛分布，可是现在仅仅分布在我国的四川、甘肃和陕西交界的极狭小的一片区域内。现在熊猫早已被列为重点保护动物，许多环境保护的组织常使用大熊猫的形象作为组织的标志，比如世界野生动物保护基金会等。

猫形类包括灵猫科、鬣狗科和猫科动物。其中灵猫类出现最早，后来从灵猫类分别进化出了猫科和鬣狗科动物。

鬣狗类是猫形动物向着身体加大的方向发展的一支。鬣狗的分布范围很广并演化迅速。从1000多万年前的中新世晚期开始出现一直繁衍到了今天，不过今天的鬣狗已经是走下坡路了。现生的鬣狗包括亚洲西南部和非洲生活着的条纹鬣狗和斑点鬣狗。在历史上出现最大的鬣狗类动物是巨鬣狗，在我国西北地区曾发现过巨鬣狗的化石，它的头骨比狮子的头骨还大。

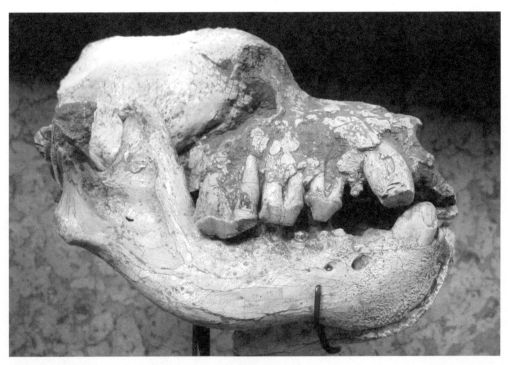

巨鬣狗头骨化石

猫科动物后来的发展很快，但是整体形态变化不大。猫科动物包括老虎、狮子以及猫、豹等食肉动物，它们除了个体大小的差别以外，形态上极为相似，甚至有些地方直接把豹子叫作大猫。作为宠物豢养的家猫是埃及野猫和欧洲野猫的混合种。猫科动物的成员大多十分灵活，是动作敏捷而柔软的食肉动物，曾经在地质历史中出现了一种笨重而迟缓的类型——剑齿虎，终因笨重迟缓而在100多万年以前灭绝了。

# 剑齿虎

　　剑齿虎是笨重而迟缓的猫科动物，最早出现在3000多万年前的渐新世，叫作古剑齿虎，历经中新世、上新世和早更新世，至100多万年前的中更新世时期绝灭。

　　剑齿虎是一类特化了的食肉类动物，特化得十分笨重，由于它们的身体笨拙，只能捕捉同样笨拙的动物。它们的犬齿很大，像一把锋利的短剑。剑齿虎的口也能张得很大，可以将短剑状的犬齿深深地刺进捕获物的身体。在更新世快要结束的时候，差不多在几万年以前，大型笨拙的动物越来越少，在生存竞争中已经不能和肉食类动物中其他灵巧的"兄弟姐妹"们竞争了，数量逐渐减少并最终灭绝。

剑齿虎复原图

# 从古猿到人

人是从古猿进化而来的，但是现代猿再也再无法变成人了，因为它们实际上也是从古猿进化来的。我们人类和现代猿有着共同的祖先。

但是，从古猿演化到人的详细过程，目前还在研究过程中。目前，学术界一致公认，人和猿是在700万年前开始分道扬镳的，也就是说，人类起源于700万以前。

托麦人化石

目前发现的最早的人类化石是2001年在乍得发现的托麦人。托麦人完整的科学名称叫作：撒海尔人乍得种。据估计托麦人生活在距今600万—700万年以前。目前，有些人对其是否属于人类还持怀疑态度，但是这毕竟是人猿分野时候的化石。其实，科学家在研究人类起源的时候，最愿意找到的就是这类过渡类型的化石。

人和猿都属于灵长类动物，最早类似于灵长类的动物在恐龙盛行的白垩纪期间就出现了，化石在美国白垩纪地层中发现的，叫作"普尔加托里猴"（*Purgatorius*），形态介于现代的树鼩和狐猴之间，实际上它还不属于"猴"，可能刚刚从食虫目动物演化出来，骨骼构造还很原始，估计复原后的形态与更猴类相似。

更猴

早期灵长类在白垩纪期间出现以后，一直受到恐龙的压制，没有什么发展。直到恐龙灭亡，包括早期灵长类在内的哺乳动物劫后余生，经过很短时间的沉寂之后，迅速发展起来。灵长类动物在恐龙灭绝以后发展得十分迅速，很快就演化出了猿类，最后又进化成最高等的动物——人类。所以，没有恐龙的灭绝，可能就没有我们人类的出现。有人开玩笑说：恐龙灭绝了，我们现在见不到。可是恐龙如果没灭绝，我们更看不到——因为根本就不会有我们人类的出现。

400万年前，出现了人类的直系祖先——南猿，也叫南方古猿。南猿的形态具有猿和人的混合特征，在分类上南猿已经属于人科的成员了。但是，南猿能否制造工具还没有得到化石的证据。早期的南猿叫作阿尔法南猿，这是我们现在了解最多的南猿，著名的露西就是阿尔法南猿，露西是具女性化石，是目前发现的最完整的古人类化石，发现了40%的骨骼。根据化石推测，阿尔法南猿已经能够直立行走。

南猿生活复原图——北京自然博物馆展板

在250万年前的时候，出现了能人，这是人属的第一个成员。能人化石发现在东非，当时东非地区的环境从较湿润的森林过渡到较干旱的草原。古人类也从森林中走入平原，能人已经能够完全直立行走，最关键的是他们可以自己打制粗糙的石器，开始制造工具了，这是人猿划分的界限，也是人区别于其他动物的关键特征。

180万年前，直立人出现了。直立人的化石发现比较多，他们已经可以猎取大型动物了。我国是直立人化石发现较多的国家，180万年前的元谋人、110万年前的蓝田人、60多万年前的北京猿人、30万年前的汤山人等都是著名的直立人。

　　直立人从名称上看已经是完全直立了，另外他们还能制造工具，可以用很多种办法制造石器。在北京猿人化石出土地点的周围，发现了一些猿人用火的痕迹，证明北京猿人已经能够用火，是最早的用火者。北京周口店发现的北京猿人是世界上目前化石材料发现最丰富的产地，这里也被联合国教科文组织列入《世界（自

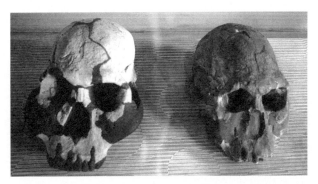

能人头骨模型

元谋人生活复原图（李荣山绘）

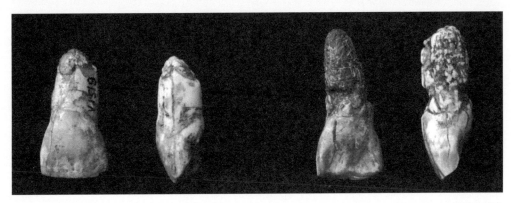

元谋人牙齿

北京猿人头盖骨

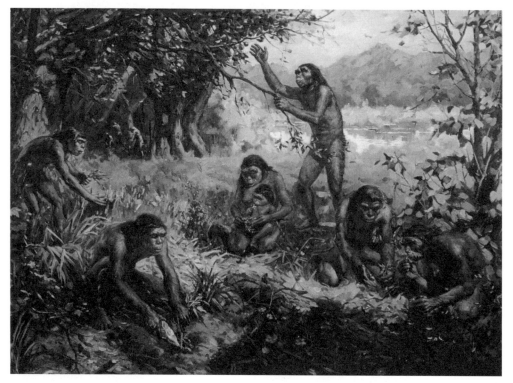

北京猿人生活复原图（李荣山绘）

然文化历史）遗产名单》，与万里长城、敦煌石窟、北京故宫和西安秦兵马俑同等地位。

　　大约30万年前，智人出现了，他们有了大脑壳，脸部变平。智人分成两个阶段，早期智人和晚期智人。早期智人的脑量已经和现代人差不多，他们制作的石器已经有了很多进步，他们开始穿着简陋的衣服；除了使用天然火以外，早期智人还能自己取火。钻木取火就是从早期智人开始的。早期智人在世界上许多地方都有发现。我国发现的早期智人包括：辽宁金牛山人、北京周口店新洞人、陕西大荔人、湖北郧县人、广东马坝人、山西丁村人等。欧洲著名的尼安德特人也属于早期智人。尼安德特人发现在德国，由于他们身体强壮，有着大鼻子，被认为是欧洲人的祖先，而他们的大鼻子是对寒冷地区的一种适应。

山顶洞人（李荣山绘）

晚期智人出现在10万年以前，其身体形态已经非常接近现代人，从科学名称看，我们现代人和晚期智人的拉丁学名是一样的，甚至可以认为我们现代人就是晚期智人。晚期智人最早的化石发现在法国，叫作克鲁马侬人。我国著名的晚期智人化石有广西柳江人、四川资阳人、内蒙古河套人、北京周口店的山顶洞人等。晚期智人已经能够制造比较复杂的工具，可以挖陷阱狩猎，还有很好的捕鱼技术。

大约一万五千年以前，出现了新石器；再后来出现了文字，人类进入文明发展时期。

这就是从猿到人的历程。

能人使用的石器

克鲁马农人使用的石器

新旧石器对比

【小知识】新石器和旧石器 一般情况下，古代猿人制造的石器分两大类，一种是打制石器，表面比较粗糙，被称为旧石器；另外一种是磨制石器，表面光滑，称为新石器。在地质历史中，旧石器时代属于更新世时期，新石器时代属于全新世早期。在研究历史的时候，除了把磨光石器作为新石器的代表以外，陶器也是新石器时代的一种标志。

# 人类时代

### ——第四纪

第四纪是地质历史中的最后一个纪，是以人类的出现作为标志的。随着人类的发展，人类对自然界的影响越来越大。在猿人阶段，人类还是和其他动物一样，在自然环境中优胜劣汰，维持着自然界的生态平衡。可是，随着人类文明的发展，开始出现农业和畜牧业，开始人工种植植物，饲养动物，以至于后来工业的发展对环境的污染等等。特别是人工种植人类喜欢的植物，饲养人类喜欢的动物，破坏了自然界的生态平衡。第四纪期间人类的活动对自然界的影响十分重大，在地球上的角色越来越重要，人类对自然界的影响之重大是历来任何动物所不能比拟的。因此，将第四纪称为人类时代再贴切不过了。

# 第四纪冰川和人类的发展

中国科学家李四光在中国发现了第四纪冰川遗迹，引起世界的关注。后来经过更大范围的考察，在第四纪的地层中发现了许多冰川活动的痕迹。冰川的来临说明气候的变化，同时也造成了生物面貌的改变。根据推测，第四纪冰川与人类起源密切相关。

人类的祖先——古猿本来十分愉快地生活在森林里。可是，冰川时代的来临造成了大面积森林的消失。这时，原来生活在森林里的古猿由于森林的消失就面临着两种选择：一种是留下来适应变化了的环境，在平原上开拓新的生活。由于平原地区很开阔，站得高，就能看得远。这些古猿就常常站起来瞭望远方。渐渐的，他们开始能直立行走了。不难想象，如果一个四足行走的动物机械地直立起来，它的眼睛就会向上看。要使眼睛向前看，五官的位置就会向前"位移"，脑壳的面积就会越来越大，这给大脑的发展提供了充分的空间。由于大脑的发展，这种猿开始制造工具，从此变成了人类。后来，又有了语言，产生了文字，演化成了现代人。

另一种是在冰川来临的时候，原来生活在其中的另外一些古猿则贪图原来舒适的生活，追寻到有森林的地方继续森林生活，它们演变成了今天的猿类，继续森林的生活。由此看来，冰川造成了人猿的分野，在人类的起源与发展方面起到了推波助澜的作用。

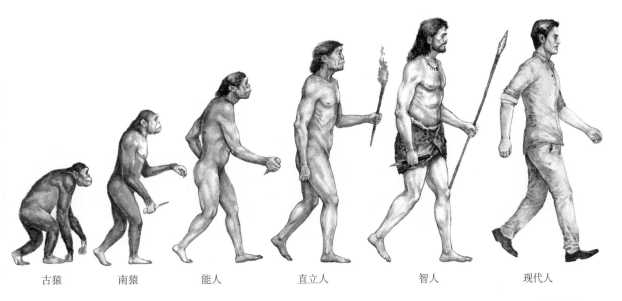

| 古猿 | 南猿 | 能人 | 直立人 | 智人 | 现代人 |

人类的进化

　　常常听到人们问：既然人类是猿猴演变来的，那么现代那些类人猿会不会在今后演化成人呢？答案是：不会！因为现在的人类和现代的类人猿是从一个共同祖先分别演化来的，类人猿类和人类在几百万年前就分野了。它们和我们人类一样也经历了同样长时间的演化，它们身体也已经发生了很大变化，但是不是向人类这边的变化，而是向更适合它们现在生活的环境方向演化。假如这些类人猿想演化成我们人类，它们就必须回到古猿阶段。但是，时间是不可逆的，进化也是不可逆的。所以，现代的类人猿是无法演化出和我们一样的人类的。

# 结束语

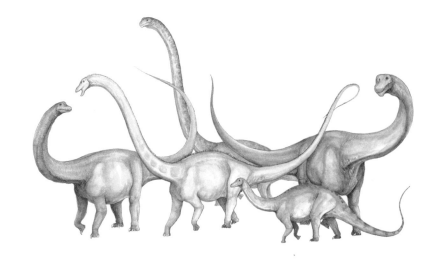

　　生命的历史至少有35亿年了！与之相比，我们每个人的人生都显得太短暂了。纵观整个生命进化史，从一开始的单细胞，到今天丰富多彩、数量众多的生物世界，这其中的变化翻天覆地。可是，对于我们的人生来说，我们的人生也太短暂了，这些演化简直太缓慢了，我们简直看不到这些变化！假如能活一亿年，我们就会看到山脉的隆起和消亡，就会看到恐龙的灭绝给哺乳动物腾出生存的空间，就能感受到从古猿到现代人的变化！可是现在我们只能从化石中追寻蛛丝马迹，去推断生命的演化历程。

　　了解了恐龙的灭绝和哺乳动物的发展历史，我们要感谢恐龙的灭绝，感谢白垩纪末期的那场灾难（如果有的话），才使得哺乳动物得以大发展，才使得人类得以出现。了解了生物演化过程，我们才知道今天的世界是几十亿年生命演化的结晶。生命演化还在继续，我们要珍惜生命，爱护环境、保护地球，维护来之不易的绿水青山，那才是我们的金山银山！

　　这本书写完了，虽然我们也做过一些科研和绘画工作，但是和整本书的内容来比，简直是微不足道。书中的大部分资料参考了许多其他科学家的研究成果。所以，首先要感谢科学家们一直以来的孜孜不倦的科学研究。在查阅相关资料的时候，我真是崇拜那些科学家们的科学精神和科学思想，更崇拜他们聪明的思维，才得到震惊世界的研究成果。

　　本书在写作过程中得到了很多朋友的支持和帮助，无私地将他们的科研成果的图片发给我使用。本书是在2020年抗击新冠疫情期间完成的，这期间更得到了家人的大力支持，爱人刘远征、妹妹李建平、弟弟李建钢等都替我承担了很多家务事，使我们有时间和精力能够坐在电脑前完成写作。

作者

2020年12月25日星期五于北京